機械要素設計◂

吉田 彰 [編著]
Yoshida Akira

藤井正浩＋**小西大二郎**＋**大上祐司**＋
Fujii Masahiro　Konishi Daijiro　Ohue Yuji

原野智哉＋**關 正憲** [共著]
Harano Tomoki　Seki Masanori

Ohmsha

まえがき

　機械を設計するには，材料力学，機械力学，熱・流体力学，材料学，加工学などの機械工学に関する基盤的専門知識および機械制御などの一般的専門知識のほか，近年の機械システムにおいては電気・電子工学，情報工学などの周辺専門知識も要求される．これらの知識と経験を基に種々の機械を設計するが，機械は基本的にはそれぞれの機能を有するいくつかの機械要素から構成されている．したがって，機械設計の基本的学習においては主要な共通機械要素の仕組みと機能および強度，動的挙動などの性能に関する理解が肝要である．また，コンピュータソフトの開発により CAE，CAD などの簡便な解析ツールが設計に利用され，容易に設計値が求められる場合も多いが，機械要素設計の基礎概念を理解していないと過ちを犯すこともある．

　本書は，上記のような観点より，大学および工業高等専門学校における「機械設計」，「機械要素」などを対象として，機械要素設計の本質を基礎的に習得するために企画・執筆された．執筆者は大学，高専において材料力学，機械材料学，機械製作，機構学，振動工学，機械設計学，設計製図などを担当してきた複数人で，機械設計全般の基本および3大機械要素（ねじ，軸受，歯車）を含む主な機械要素の機能，性能などについての基礎を解説するとともにこれらに関する例題と解答を記し，さらに基本的および応用的理解を深めるために各章に演習問題を付した．是非これらを解答してほしい．本書は機械要素設計に関する必要最小限の基礎事項を網羅しているが，さらに専門的には巻末の参考図書をはじめ専門書を学習されたい．また，誤りの指摘などアドバイスいただければ幸いである．

　本書をまとめるにあたり，お世話いただいた日本理工出版会に厚くお礼申し上げますとともに，本書巻末に記載させていただいた参考図書をはじめ機械設計関連の書籍，規格資料などの著者，出版機関に謝意を表します．

2011 年 8 月

吉田　彰

=============== 執筆者一覧 ===============

吉田　彰	1章
大上　祐司	2・3章
藤井　正浩	4・5章
小西　大二郎	6・7章
關　正憲	8章
原野　智哉	9章

目　次

第3章　軸・軸継手

第1章　機械要素設計の基礎

1.1　機械と機械要素設計

1.1.1　機械と機械要素

　機械（machine）は機械あるいはその部品などを作るための工作機械，自動車，鉄道，航空機，船舶などの輸送機械，建設，鉱山，製鉄，農業，繊維，運搬，などに関連する産業機械およびロボットなどに大別できる．これらはすべて動く人工物であるが，機械を従来通り定義すると次の3条件を満たすものである．

条件1：抵抗を有する物体の集合体である．（複数の部品より構成）

条件2：設計通りの定まった相互運動をする．（拘束運動，限定運動）

条件3：入力エネルギーを変換・伝達し，外部に有効な仕事を出力する．

　また，機械は**図1.1**のように原動機構，伝動機構，作業機構の3機構から構成されている．さらに，最近の機械にはセンサ，コンピュータ，コントローラ，人工知能などの利用技術上のインターフェイスが搭載された機械システムを成している．したがって，これらを考慮すると，従来の機械の定義の条件3で，エネルギー，仕事を物理量に置き換えて，意味を拡大すると広義の機械あるいは機械システムを定義づけることができる．

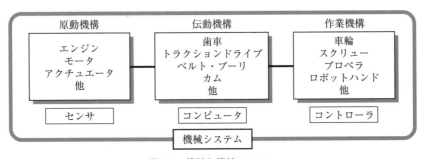

図1.1　機械と機械システム

　種々の機能を有する様々な機械もその内部にはボルト，ナット，軸，軸受，歯車などのような多くの機械に共通的に使用されている要素部品があり，これらを**機械要素**（machine element）という．機械要素にはボルト，ピンなどのように 1 個の部品として供給されるものと，玉軸受のように球，内・外輪および保持器という複数の部品が組み立てられて 1 個の部品として供給されるものとがある．**表** 1.1 に機械要素を主に機能別に分類した例を示す．伝動要素は運動および動力を変換・伝達する機械要素である．

表 1.1　機械要素の分類

分　類	名　称
締　結　要　素	ねじ（ボルト，ナット，小ねじ），リベット，ピン，キー，コッタ，溶接継手
支　持　要　素	転がり軸受，すべり軸受，案内，フレーム，軸
伝　動　要　素	歯車，トラクション要素，摩擦車，ベルト，チェーン，羽根車，リンク，カム，ねじ，軸，軸継手
制動制御要素	ブレーキ，クラッチ，ダンパ
エネルギー蓄積要素	ばね，フライホイール，アキュムレータ
流体関連要素	管，管継手，弁，ガスケット，パッキン，O リング，オイルシール，メカニカルシール

1.1.2　設計の概念とプロセス

　機械設計は一般に機構学，機械力学，材料力学，機械材料，機械工作，熱力学，流体力学，機械製図など機械工学全般の知識と経験を基に行われ，種々の観点から検討される．機械設計あるいは機械要素設計は，傾注する観点により，機構学，運動学，機械力学などに関連する機能設計，材料力学，機械材料などに関連する強度・剛性設計，機械工作やコストなどに関連する生産設計および感性などに関連する意匠設計に大別できる．

　図 1.2 の設計に関する概念において，最外層に工学のみに関係しない設計（design）領域がある．この領域におけるよい例が科学的，工学的知識よりはむしろ芸術に重きをおくインテリアデザインなどである．工学設計（engineering design）の領域においては，機械工学以外にも電気・電子，土

木・建築，化学・生物，情報工学などの知識も要求される．機械設計（mechanical design, machine design）には機械工学（mechanical engineering）の知識が要求されるが，機械工学はエネルギー分野と構造・運動分野に分けられる．**広義の機械設計**（mechanical design）はこれら両分野に関係したものを対象とするが，**狭義の機械設計**（machine design）は構造・運動分野のみに関係したものを対象とする．例えば，熱交換

設計
工学設計
機械設計
機械要素設計
機能
強度・剛性
材料
生産

図 1.2 機械設計の概念
（Spotts & Shoup）

器，エアコンプレッサ，内燃機関などの設計は広義の機械設計の範疇であり，歯車箱，ベルト伝動システム，リンク装置あるいは機械構造物などの設計は狭義の機械設計の範疇に入る．機械は種々の構成部品すなわち機械要素の集合体であるので，機械にかかわる設計の基本は**機械要素設計**（design of machine elements）で，機械システム全体の設計の善し悪しは機械要素設計の善し悪しに依存することが多い．本書では，機械要素設計の内でも主に強度・剛性設計，機能設計に関して取り扱う．

　設計手順の基本的事項として，要求仕様と規準の策定，総合，解析，表現・作図，試験，評価などがある．**図 1.3** は Spotts らによる設計プロセスの 6 段階を示している．第 1 段階の「ニーズの認識」は全プロセスの内で最も重要で，第 2 段階の「設計案の発案・創造」においては最も工夫と創造力が要求される．設計案が創造されれば，それがニーズを満足させられるかを評価するための手段が必要で，それが第 3 段階の「設計案のモデル化」である．第 4 段階では，「モデルを使った試験と評価」を行い，結果がニーズを満足させるものであれば，第 5 段階として「設計解の伝達」すなわち設計案を確実，詳細に製造者に伝えなければならない．また，結果がニーズを満足させるものでなければ，ニーズを満足させ得る別の設計案を得るため第 6 段階の「設計の改善」を行わなければならない．

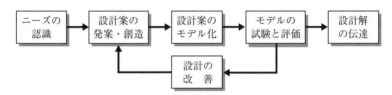

図 1.3 設計プロセスの 6 段階（Spotts & Shoup）

1.1.3 設計と標準化

多くの機械要素は種々の機械に共通的に使用されており，これらの形状・寸法などを標準化し，規格化しておけば，理論的に求まった個々の寸法の機械要素をその都度製造するのではなく，理論的に求まったものより 1 段階安全側の規格品を使用すれば，低コストで，品質が一様で，互換性のある部品が容易に入手できる．このため，工業上必要なものについてわが国では**日本工業規格**（Japanese Industrial Standard，通称 **JIS**）が制定されている．**表 1.2** は JIS の部門の分類で，部門記号 A から Z までの 19 部門があり，機械要素設計に関連が深いのは一般機械部門である．また，一般機械部門は**表 1.3** に示すように各項目に分類されている．機械要素設計に当たってはこれらの規格に精通しておく必要があるが，複数の規格票を分野ごとにまとめた縮刷版である JIS ハンドブック（日本規格協会）などは有用である．

表 1.2 JIS の部門記号と部門

部門記号	部門名	部門記号	部門名
A	土木及び建築	M	鉱山
B	一般機械	P	パルプ及び紙
C	電子機器及び	Q	管理システム
	電気機械	R	窯業
D	自動車	S	日用品
E	鉄道	T	医療安全用具
F	船舶	W	航空
G	鉄鋼	X	情報処理
H	非鉄金属	Z	その他
K	化学		
L	繊維		

表 1.3 JIS 一般機械部門の分類番号

分類番号	一般機械 B
00 〜 09	機械基本
10 〜 29	機械部品類
30 〜 39	FA 共通
40 〜 59	工具・ジグ類
60 〜 69	工作用機械
70 〜 79	光学機械・精密機械
80 〜 99	機械一般

他国の規格としてはアメリカ合衆国に ANSI（American National Standards Institute），イギリスに BS（British Standards Institution），ドイツに DIN

（Deutsches Institut für Normung）などがあり，国際的には**国際標準化機構**（International Organization for Standardization，通称 **ISO**）により国際規格が制定されている．JIS 規格の多くは ISO 規格に準拠している．

表 1.4 基本数列の標準数

記号	R5	R10	R20	R40	記号	R5	R10	R20	R40
公比	$\sqrt[5]{10}$	$\sqrt[10]{10}$	$\sqrt[20]{10}$	$\sqrt[40]{10}$	公比	$\sqrt[5]{10}$	$\sqrt[10]{10}$	$\sqrt[20]{10}$	$\sqrt[40]{10}$
標準数	1.00	1.00	1.00	1.00	標準数		3.15	3.15	3.15
				1.06					3.35
			1.12	1.12				3.55	3.55
				1.18					3.75
		1.25	1.25	1.25		4.00	4.00	4.00	4.00
				1.32					4.25
			1.40	1.40				4.50	4.50
				1.50					4.75
	1.60	1.60	1.60	1.60			5.00	5.00	5.00
				1.70					5.30
			1.80	1.80				5.60	5.60
				1.90					6.00
		2.00	2.00	2.00		6.30	6.30	6.30	6.30
				2.12					6.70
			2.24	2.24				7.10	7.10
				2.36					7.50
	2.50	2.50	2.50	2.50			8.00	8.00	8.00
				2.65					8.50
			2.80	2.80				9.00	9.00
				3.00					9.50

　標準品の大きさなどは，生産効率を上げるため，必要以上に多種とならないように，等比級数的間隔で決められている．これを**標準数**（preferred numbers）といい，**表 1.4** は JIS Z 8601 に基づく**基本数列**の標準数である．この標準数は 1 を含み公比がそれぞれ $\sqrt[5]{10}$，$\sqrt[10]{10}$，$\sqrt[20]{10}$ および $\sqrt[40]{10}$ である等比数列の各値を実用上便利な数値に近似したもので，これらの数列をそれぞれ R5，R10，R20 および R40 の記号で表す．すなわち，R10 は 1 から 10 までの

間を公比 $\sqrt[10]{10}$ で 10 区分した数列で，1.00，1.25，1.60，2.00，2.50，3.15，4.00，5.00，6.30，8.00，10.00 となる．なお，公比が $\sqrt[80]{10}$ である等比数列 R80 を**特別数列**という．さらに，ある数列から 2 つ目，3 つ目，……ごとにとった数列を**誘導数列**といい，例えば R10 の数列から 3 つ目ごとにとった数列は R10/3 のように表す．標準数はこれに 10 の正または負の整数べきを掛けてもその標準数の数字は同じで桁が変わるだけである．また，標準数の積や商も標準数で，標準数には $\sqrt{2} \fallingdotseq 1.4$，$\pi \fallingdotseq 3.15$，$1'' \fallingdotseq 25\ \mathrm{mm}$，$g \fallingdotseq 10\ \mathrm{m/s^2}$ のように工業上よく用いる近似値が含まれており，ISO 規格や JIS 規格に標準数が採用されている．

1.2　材料強度・剛性と設計

1.2.1　静的強度

（1）降伏点と引張強さ

　機械要素部材の静的強度を求めるために最も一般的に行われているのは引張試験（tension test）で，これにより引張強さ，降伏点，伸び，絞りなどの機械的性質が求まる．**図 1.4** は引張試験によって得られた**公称応力**（nominal stress，荷重を初期断面積で割った値）と**公称ひずみ**（nominal strain，伸びを初期標点距離で割った値）との関係，すなわち，**応力-ひずみ線図**（stress-strain diagram）の例である．応力を加えて行くとひずみは P 点まで比例的に増加する．この P 点での応力 σ_P を**比例限度**（proportional limit）という．また，E 点までは負荷応力を取り除くとひずみは零に戻る．この性質を弾性（elasticity）といい，このような変形が弾性変形（elastic deformation）で，図 1.4（a）に示すように，軟鋼や中炭素鋼では応力は増えずにひずみが増大する区間（$Y_1 \sim Y_2$）が存在する．これが降伏現象で，Y_1 点での応力 σ_{yu} を上降伏点（upper yield point），Y_2 点での応力 σ_{yl} を下降伏点（lower yield point）という．JIS では上降伏点を**降伏点**（yield point）としているが，強度設計上の基準としては下降伏点をとる．弾性限度を超えて負荷すると，除荷した後もひずみが残る．このような性質を塑性（plasticity）といい，その変形を塑性変形（plastic deformation）という．非鉄金属や合金鋼では，図 1.4（b）のように，降伏点が明確に現れないので，0.2% の永久ひずみを生じる応力 $\sigma_{0.2}$ を耐力

（proof stress）と呼び，降伏点 σ_y と同様に扱う．なお，弾性限度の精密計測は困難であるので，一般に降伏点を弾性から塑性に移る限界応力としている．降伏点を超えて負荷すると塑性変形とともに変形抵抗が増加し，最大値を示す B 点での応力 σ_B を**引張強さ**（tensile strength）あるいは**極限強さ**（ultimate strength）という．さらに変形した破断点 F では公称応力値は引張強さより低くなる．これは材料が降伏後くびれ（necking）を生じるためで，破断時の荷重を破断部の最小断面積で割った応力値は引張強さ σ_B より大きくなる．また，破断後の標点距離から初期標点距離を引いた距離の初期標点距離に対する百分率を**破断伸び**（elongation），初期断面積から破断部の断面積を引いた面積の初期断面積に対する百分率を**絞り**（reduction of area）という．一般に，強度設計上の静的基準強さとして，延性材料（ductile material）では降伏点あるいは耐力，脆性材料（brittle material）では引張強さをとる．**表 1.5** によく使われている鉄鋼材料の機械的性質の一例を示す．鉄鋼材料の引張強さ σ_B とビッカース硬さ HV との間には

$$\sigma_B \,[\text{MPa}] \approx 3.2\,\text{HV}\,[\text{kgf/mm}^2]\,(\,\text{HV} \leq 550\,) \tag{1.1}$$

の関係があり，硬さを測定することで引張強さを推定できる．また，各種工業材料の機械的性質を**付表 1** に示す．

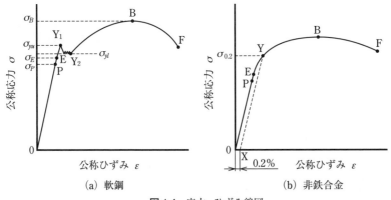

図 1.4 応力-ひずみ線図

表 1.5　鋼の機械的性質の一例（出典：日本機械学会「機械工学便覧」）

材料		熱処理	引張強さ 〔MPa〕	降伏点 〔MPa〕	比例限度 〔MPa〕	破断伸び 〔%〕	絞り 〔%〕
炭素鋼	S25C	納入のまま	412	265	255	39	64
		900℃　水焼入れ 670℃　焼戻し	461	314	304	38	71
	S38C	焼ならし	490	235	235	29	54
		840℃　水焼入れ 570℃　焼戻し	647	431	422	25	63
	S53C	焼ならし	677	324	314	24	42
		790℃　水焼入れ 650℃　焼戻し	765	579	549	22	57
Ni・Cr 鋼 SNC815		830℃　油焼入れ 570℃　焼戻し	951	883	794	18	62
Ni・Cr・Mo 鋼 SNCM 439		845℃　油焼入れ 620℃　焼戻し	1 020	824	－	20	57
ステンレス鋼 SUS 420 J1		納入のまま	765	628	304	22	59

［例題 1.1］

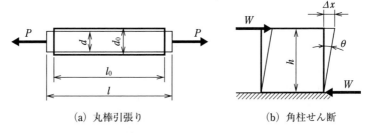

(a)　丸棒引張り　　　　　　　　　(b)　角柱せん断

図 1.5　丸棒の引張りと角柱のせん断

　図 1.5 (a) は長さ l_0，直径 d_0，軸直角断面積 A の丸棒を軸荷重 P で引張り，長さ l，直径 d に弾性変形した様子を示したものである．この場合の応力，伸び，縮み，ひずみおよびこれらの関係を示せ．また，(b) は高さ h，底面積 A の直方体の底面を固定し，上面にせん断荷重 W を負荷したとき上面が $\varDelta x$ 弾性変形した様子を示したものである．この場合の応力とひずみおよびこれらの関係を示せ．

[解]

(a) の場合

垂直応力 $\sigma = \dfrac{P}{A}$, 伸び $\lambda = l - l_0$, 縮み $\lambda' = d_0 - d$, 縦ひずみ $\varepsilon = \dfrac{\lambda}{l_0}$,

横方向ひずみ $\varepsilon' = \dfrac{\lambda'}{d_0}$

$\dfrac{\varepsilon'}{\varepsilon} = \nu$ を**ポアソン比** (Poisson's ratio) といい, 鋼では一般に $\nu \approx 0.3$ である.

また, $\sigma = E\varepsilon$ の関係があり, これを**フックの法則** (Hooke's law) という.

この場合の応力は負荷方向に垂直な面に働いており, **垂直応力** (normal stress) という. ここで, 比例定数 E は**縦弾性係数** (modulus of longitudinal elasticity) で, **ヤング率** (Young's modulus) ともいう.

(b) の場合

せん断応力 $\tau = \dfrac{W}{A}$, せん断ひずみ $\gamma = \dfrac{\Delta x}{h} = \tan\theta$

この場合のフックの法則は $\tau = G\gamma$ となり, 応力は負荷方向に沿う面に働いており, **せん断応力** (shearing stress) という. ここで, 比例定数 G は**横弾性係数** (modulus of transverse elasticity) という.

---

(2) 降伏・破壊の条件

前項では引張応力の場合について述べたが, その他に圧縮, 曲げ, ねじりなどが考えられる. さらに, 実際の機械要素部材は 2 軸や 3 軸応力状態下にある場合がある. このような組合せ応力下における降伏の条件を単純応力の場合の降伏条件に換算する方法が提案されており, 強度設計上有用な次の代表的な 3 説がある.

(a) 最大主応力説 (maximum normal stress criterion)

部材内に働く 3 主応力のうち最大主応力 σ_1 が材料の降伏点 σ_y を超えた場合に引張降伏が生じる. あるいは最小主応力 σ_3 が圧縮の降伏点 σ_y' を超えた場合に圧縮降伏が生じるという説で, 降伏条件は次式で表される.

$$\sigma_1 = \sigma_y \qquad \sigma_3 = -\sigma_y' \tag{1.2}$$

この説は脆性材料の引張破壊によく一致する.

(b) 最大せん断応力説（maximum shearing stress criterion）

　部材内に働く最大せん断応力が単純引張りにおける降伏点に相当する値に達したときに破壊するとする説で，**トレスカの説**ともいう．単純引張りにおける降伏応力 σ_y, 最大せん断応力を τ_{max} とすると

$$\tau_{max} = \frac{\sigma_y}{2} \tag{1.3}$$

また，$\sigma_1 > \sigma_2 > \sigma_3$ のとき

$$\tau_{max} = \frac{\sigma_1 - \sigma_3}{2}$$

したがって,

$$\sigma_y = \sigma_1 - \sigma_3 \tag{1.4}$$

となる．すなわち，単純せん断の降伏点と単純引張りの降伏点の比は 1/2 となる．この説は延性材料においてよく適合する.

(c) せん断ひずみエネルギー説（distortion energy criterion）

　ミーゼスは3軸応力状態を単軸応力状態に相当させた応力 σ_e

$$\sigma_e = \sqrt{\frac{1}{2}\left\{(\sigma_1 - \sigma_2)^2 + (\sigma_2 - \sigma_3)^2 + (\sigma_3 - \sigma_1)^2\right\}} \tag{1.5}$$

を用い，σ_e が単純引張りの降伏点 σ_y に達したときに降伏すると考えた．この σ_e をミーゼスの相当応力（equivalent stress）といい，単軸応力 $\sigma_2 = \sigma_3 = 0$ のとき $\sigma_e = \sigma_1$ となり，せん断ひずみエネルギーは E を縦弾性係数，ν をポアソン比として,

$$\frac{1+\nu}{6E}(2\sigma_e^2) \tag{1.6}$$

となる．したがって，せん断ひずみエネルギーが一定値 $\{(1+\nu)\sigma_e^2\}/(3E)$ に達したときに降伏することになる．平面応力状態での純粋せん断による降伏応力を τ_y とすれば，$\sigma_1 = -\sigma_2 = \tau_y$, $\sigma_3 = 0$ となり，式（1.5）に代入して $\sigma_e = \sigma_y$ とおくと，$2\sigma_y^2 = 6\tau_y^2$ となり,

$$\frac{\tau_y}{\sigma_y} = \frac{1}{\sqrt{3}} = 0.577 \tag{1.7}$$

となる．本説は**ミーゼスの説**ともいい，延性材料によく適合する．

(3) 負荷の種類と応力・変形

表1.6は一端固定，他端自由の丸棒（直径：d，長さ：l）を例としてその自由端に軸荷重（axial load）P，横荷重（transverse load）W，ねじりモーメント

表1.6　負荷の種類と応力・変形

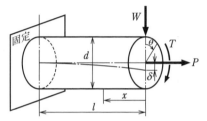

軸荷重 P
横荷重 W
曲げモーメント $M = Wx$
ねじりモーメント T

負荷の種類	引張り	せん断	曲げ	ねじり
力	P	W		
モーメント			$M = Wx$	T
応力	$\dfrac{P}{A} = \sigma$	$\dfrac{W}{A} = \tau$	$\dfrac{M}{Z} = \sigma_b$	$\dfrac{T}{Z_p} = \tau_t$
ひずみ	$\varepsilon = \dfrac{\sigma}{E}$	$\gamma = \dfrac{\tau}{G}$	自由端たわみ	自由端ねじれ角
変形量			$\delta = \dfrac{Wl^3}{3EI}$	$\theta = \dfrac{Tl}{GI_p}$

E：縦弾性係数，G：横弾性係数，EI：曲げ剛性，GI_p：ねじり剛性

断面形状	断面積 A	断面二次モーメント I	断面係数 Z	断面二次極モーメント I_p	極断面係数 Z_p
中実	$\dfrac{\pi d^2}{4}$	$\dfrac{\pi d^4}{64}$	$\dfrac{\pi d^3}{32}$	$\dfrac{\pi d^4}{32}$	$\dfrac{\pi d^3}{16}$
中空	$\dfrac{\pi}{4}(d_2{}^2 - d_1{}^2)$	$\dfrac{\pi}{64}(d_2{}^4 - d_1{}^4)$	$\dfrac{\pi}{32}\dfrac{d_2{}^4 - d_1{}^4}{d_2}$	$\dfrac{\pi}{32}(d_2{}^4 - d_1{}^4)$	$\dfrac{\pi}{16}\dfrac{d_2{}^4 - d_1{}^4}{d_2}$

高さ h，幅 b の長方形断面の中立軸に関する断面二次モーメント $I = \dfrac{bh^3}{12}$，断面係数 $Z = \dfrac{bh^2}{6}$ である．

（torsional moment）*T*，曲げモーメント（bending moment）*M*（自由端から任意の距離 *x* での曲げモーメントは *Wx*）を与えた場合の応力，変形を示したものである．表中の応力や変形に関する事項は *P*，*W*，*T*，*M* がそれぞれ単独に加えられた場合のものである．*EI* は**曲げ剛性**（flexural rigidity），GI_p は**ねじり剛性**（torsional rigidity）という．これらの値が大きくなるほど曲げによるたわみやねじりによるねじれ角が小さくなり，剛性設計においては考慮しなければならない事項である．下段の表は曲げ応力やたわみ，ねじりによるせん断応力やねじれ角を算出する際に必要な断面二次モーメント（geometrical moment of inertia）*I*，断面係数（modulus of section）*Z*，断面二次極モーメント（polar moment of inertia of area）I_p，極断面係数（torsional modulus of section）Z_p を中実円断面，中空円断面の場合について示す．なお，高さ *h*，幅 *b* の長方形断面の中立軸に関しては，$I = bh^3/12$，$Z = bh^2/6$ である．

（4）応力集中

　一様な断面を有する機械要素部材が引張りや曲げなどの荷重を受けると応力は一様に分布するが，部材の一部に切欠き（notch）や穴（hole）があったり，また段付き軸のように断面が急変する個所があると，その部分で応力が局部的に増大する．この現象を**応力集中**（stress concentration）という．**図 1.6** に U 形切欠き部の応力集中の様子を示す．弾性限度内で，切欠き底の公称応力を σ_n とし，応力集中部の最大応力を σ_{max} とすると，

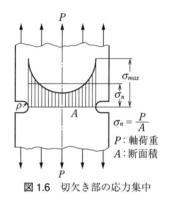

$$\sigma_n = \frac{P}{A}$$

P：軸荷重
A：断面積

図 1.6　切欠き部の応力集中

$$\alpha = \frac{\sigma_{max}}{\sigma_n} \tag{1.8}$$

を**応力集中係数**（stress concentration factor）という．応力集中係数は材料に関係なく，負荷形式，部材および切欠きの形状により定まる 1 より大きい値で，**形状係数**（shape factor）とも呼ばれる．**図 1.7** は半円形円周切欠きを有する丸棒の応力集中係数 *α* を引張荷重 *P*，曲げモーメント *M*，ねじりモーメント *T*

が負荷された場合について示している．これより α は負荷形式により変わることがわかる．設計においてはできるだけ急な断面形状変化を避けなければならない．

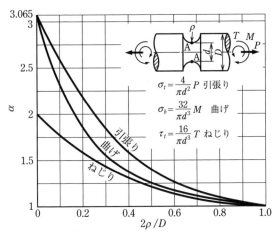

図 1.7 丸棒の引張り，曲げ，ねじりにおける応力集中係数

[例題 1.2]

応力集中を軽減させるために行われている方法を示せ．

[解]

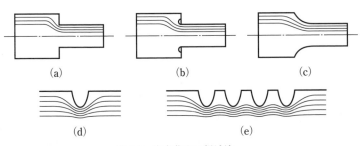

(a)　　　　　　(b)　　　　　　(c)

(d)　　　　　(e)

図 1.8 応力集中の軽減法

　図 1.8（a）に示す段付き部分は，（b），（c）に示すように，できるだけ緩やかな丸みを付け，力線の流れを滑らかにする．また，（d）に示すように，切欠き部が単独に存在するところでは力線の流れが急となるが，（e）に示すように，その近傍に複数の切欠きを設けると力線の流れが緩やかとなる．これは切欠きの干渉効果による．

1.2.2　動的強度

（1）繰返し応力と疲れ強さ

　多くの機械部材は繰返し応力を受けることが多い．繰返し応力を受けると，その値が静的許容応力より小さくても，繰返し数の増大により破壊することがある．この現象を**疲れ**（fatigue）という．繰返し応力で最も単純なものは，**図 1.9** に示すように，応力が時間とともに正弦変化するものである．この場合，繰り返される応力の最大値を σ_{max}，最小値を σ_{min} とすれば，平均応力（mean stress）$\sigma_m = (\sigma_{max} + \sigma_{min}) / 2$，応力振幅（stress amplitude）$\sigma_a = (\sigma_{max} - \sigma_{min}) / 2$ である．$\sigma_m = 0$ の場合は両振り，$\sigma_{max} = 0$ あるいは $\sigma_{min} = 0$，すなわち，$\sigma_a = |\sigma_m|$ の場合は片振り，$\sigma_a > |\sigma_m|$ の場合は部分両振り，$\sigma_a < |\sigma_m|$ の場合は部分片振りの繰返し応力となる．なお，$R = \sigma_{min} / \sigma_{max}$ を**応力比**（stress ratio）という．材料の疲れ強さを求めるための疲れ試験では等しい正負の応力を繰り返す両振りが最も一般的である．

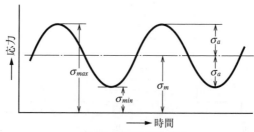

図 1.9　繰返し応力波形

　縦軸に繰返し応力振幅 σ_a，横軸に破壊繰返し数 N の対数をとった**図 1.10** に示す関係曲線を **S-N 曲線**あるいは**ヴェーラー**（Wöhler）**曲線**という．応力振幅を下げると破壊繰返し数は増大し，軟鋼などの鉄鋼材料の多くにおいては

ある一定の応力振幅以下では破壊しなくなる. すなわち, ある繰返し数において S-N 曲線に折曲り点 (knee point) が現れ, S-N 曲線は水平となる. この折曲り点での繰返し数を**限界繰返し数**, 応力振幅を**疲れ限度** (fatigue limit) あるいは**耐久限度** (endurance limit) という. 折曲り点は $N = 10^6 \sim 10^7$ に生じることが多い. 折曲り点より少ない破壊繰返し数における応力振幅をその繰返し数における**時間強度**という. 疲れ強さは狭義には疲れ限度を指すことが多いが, 広義には時間強度も含まれる. アルミニウム合金などの非鉄金属においては, S-N 曲線に明確な折曲り点が現れず, 疲れ限度は存在しない. このような場合は便宜上 $N = 10^7$ での時間強度を疲れ限度とみなしている. **付表2, 3** に鉄鋼材料の疲れ限度の例を示す.

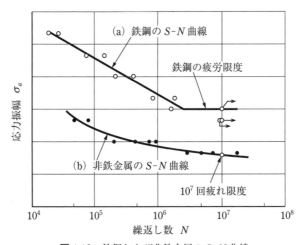

図 1.10 鉄鋼および非鉄金属の S-N 曲線

図 1.11 に炭素鋼の両振り疲れ限度と引張強さの関係を示す. ばらつきはあるが, 両者はほぼ比例関係にある. 回転曲げ疲れ限度 σ_{wb}, 引張強さ σ_B, ビッカース硬さ HV の関係は概して次式で与えられる.

$$\sigma_{wb}\,[\mathrm{MPa}] \approx 0.5\,\sigma_B\,[\mathrm{MPa}] \approx 1.6\,\mathrm{HV}\,[\mathrm{kgf/mm^2}] \tag{1.9}$$

多くの疲れ限度は両振り, すなわち, 平均応力 $\sigma_m = 0$ の場合について得られている. 疲れ限度に及ぼす平均応力の影響を示したのが**図 1.12** の**疲れ限度線**

図（fatigue limit diagram）である．縦軸に応力振幅 σ_a，横軸に平均応力 σ_m をとると，縦軸上では両振り疲れ限度 σ_w，横軸上では真の破断応力（true stress of fracture）σ_T で破壊する．すなわち

$$\frac{\sigma_a}{\sigma_w} + \frac{\sigma_m}{\sigma_T} \leqq 1$$

であれば σ_a-σ_m 線図においては破壊しないことになる．図 1.12 において，OA が両振り疲れ限度であり，O′B が片振り疲れ限度となる．このように両振り疲れ限度がわかればそれと σ_T を結ぶ直線で，種々の平均応力を有する場合の疲れ限度を推定できる．しかし，実際には σ_T の代わりに設計上の安全を考慮して，引張強さ σ_B や降伏点 σ_y がよく使われる．すなわち，**修正グッドマン線図**において

$$\frac{\sigma_a}{\sigma_w} + \frac{\sigma_m}{\sigma_B} \leqq 1$$

ゾンダーベルグ線図においては

$$\frac{\sigma_a}{\sigma_w} + \frac{\sigma_m}{\sigma_y} \leqq 1$$

であれば破壊しないことになる．なお，横軸上の σ_y を通る線 EC 上は最大応力が降伏点に達する限界で，実用上の安全範囲はこの線より左側である．

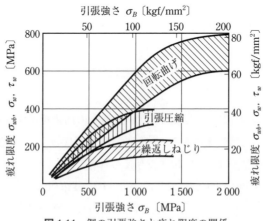

図 1.11　鋼の引張強さと疲れ限度の関係

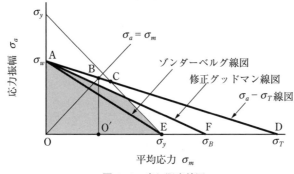

図1.12 疲れ限度線図

[例題 1.3]

　炭素鋼焼ならし材の引張強さ500 MPa，両振り引張圧縮疲れ限度200 MPa であった．この材料の片振り引張疲れ限度を推定せよ．

[解]

　図1.12の修正グッドマン線図を利用して，横軸上の$\overline{\text{OF}}$の長さを$\sigma_B = 500$ MPa，縦軸上の$\overline{\text{OA}}$の長さを$\sigma_w = 200$ MPa に対応させ，直線$\overline{\text{AF}}$と$\sigma_a = \sigma_m$の直線との交点から横軸に下した垂線の長さから求まる．

あるいは

$$\frac{\sigma_a}{\sigma_w} + \frac{\sigma_m}{\sigma_B} = 1 , \quad \sigma_a = \sigma_m \ （片振りの条件）の両式より求まる．$$

片振り引張疲れ限度 $= \sigma_a = \sigma_m = 143$ MPa

(2) 切欠き効果と疲れ強さへの諸因子の影響

　十分平滑な試験片の疲れ限度をσ_{wo}とし，形状係数すなわち応力集中係数がαなる切欠きを有する試験片の疲れ限度をσ_{wk}とすると

$$\beta = \frac{\sigma_{wo}}{\sigma_{wk}} \tag{1.10}$$

を**切欠き係数**（fatigue strength reduction factor, notch factor）といい，一般に$\alpha \geqq \beta \geqq 1$で，**図1.13**に示すように$\alpha$の値が小さい範囲で強い材料ほど$\beta$は

α に接近する．β の値は，α の場合と異なり，材質に影響される．α と β の関係を次式で与え，η をその材料の**切欠き感度係数**（notch sensitivity factor）という．

$$\eta = \frac{\beta - 1}{\alpha - 1} \tag{1.11}$$

一般に硬くて強い材料ほど η の値は大きくなる．

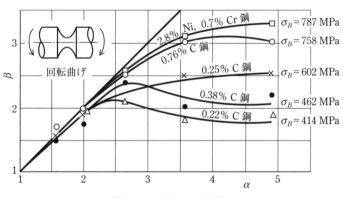

図1.13　α と β との関係

図1.14 に丸棒の直径と回転曲げ疲れ限度の関係を示す．直径が大きくなると疲れ限度は低下する傾向がある．これを疲れにおける**寸法効果**（size effect）という．

疲れ限度は**切欠き効果**（notch effect）や寸法効果以外にも多くの因子によって影響される．表面仕上げ法や表面粗さによっても影響され，表面粗さが大きくなるほど疲れ限度は低下する．また，腐食作用や圧入によっても疲れ限度は低下する．一方，浸炭硬化，高周波焼入れ，窒化などの表面熱処理や表面圧延，ショットピーニングなどの表面加工硬化処理により，表面層の硬さの増大および圧縮残留応力の付与のため，疲れ強さは上昇する．

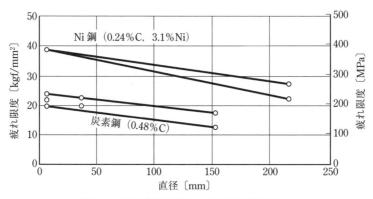

図 1.14　平滑丸棒の直径と回転曲げ疲れ限度

（3）疲れ寿命

　ある応力振幅を N 回受けて破壊するとき疲れ寿命 N という．その応力振幅を n 回（$n \leqq N$）受けると n/N だけ寿命が失われ，$n/N = 1$ に達すると破壊が起こると考えられる．**図 1.15** に示す $S\text{-}N$ 曲線を有する材料に応力振幅 σ_1 を n_1 回負荷し，次に応力振幅 σ_2 を n_2 回負荷したとき破壊したとすると

$$\frac{n_1}{N_1} + \frac{n_2}{N_2} = 1$$

で破壊すると考えられる．一般に応力振幅 σ_i に対する寿命が N_i の場合，σ_i が n_i 回繰り返されたときの σ_i による疲れ被害は**繰返し数比** n_i/N_i で与えられる．したがって

$$\sum \frac{n_i}{N_i} = 1 \tag{1.12}$$

となったときに破壊することになる．式（1.12）の左辺を**累積繰返し数比**といい，これが 1 で破壊するという説が**マイナー**（Miner）**の仮説**で，**線形累積損傷則**（linear cumulative damage rule）である．

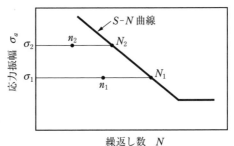

図 1.15　*S-N* 曲線

　疲れ寿命はき裂発生寿命とき裂伝播寿命に分けられるが，初期状態において
き裂や内部欠陥を有する材料の寿命はそのほとんどがき裂伝播寿命である．**図
1.16** にき裂先端近傍の応力を示す．き裂先端近傍の変形はモード I（開口型），
モード II（面内せん断型），モード III（面外せん断型）があるが，ここでは
モード I を例とする．K_I はモード I に対する**応力拡大係数**（stress intensity
factor）といい，長さ $2a$ のき裂を有する無限板がき裂に垂直な一様引張応力 σ
を受けると，応力拡大係数 K は

$$K = K_I = \sigma \sqrt{\pi a} \tag{1.13}$$

となる．また，実用上 K は部材の形状や負荷形式により定まる定数 f を用いて

$$K = f\sigma \sqrt{\pi a} \tag{1.14}$$

となる．

　き裂の伝播寿命はこの K から求まる応力拡大係数の変動範囲すなわち**応力
拡大係数幅**（stress intensity factor range）ΔK と次式で表される**パリスのき裂
伝播則**を用いて推定できる．

$$\frac{da}{dn} = C(\Delta K)^m \tag{1.15}$$

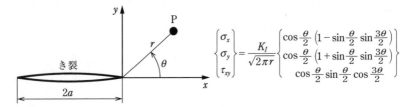

図 1.16　応力拡大係数（モード I）

　ここで，a はき裂長さ，n は繰返し数，C, m は材料定数である．**図 1.17** に疲れき裂伝播速度 da/dn と ΔK の関係を示す．式 (1.15) は (II) の領域で成立し，ある ΔK の値以下ではき裂は伝播しない．この条件を下限界値 (threshold) といい，ΔK_{th} で表す．K の大きい範囲では静的破壊の様相を呈し，急速に破壊する．この値を**疲れ破壊靭性値** (fatigue fracture toughness) K_{fc} という．式 (1.14) より，ΔK は $\Delta\sigma$ を負荷応力幅として

$$\Delta K = f\Delta\sigma\sqrt{\pi a} \tag{1.16}$$

となる．式 (1.15)，(1.16) より初期き裂長さ $2a_i$ を有するき裂材の疲れ寿命 N は最終破断き裂長さ $2a_f$ とすると

$$N = \int_{a_i}^{a_f} \frac{da}{C(\Delta K)^m} \tag{1.17}$$

より求められる．

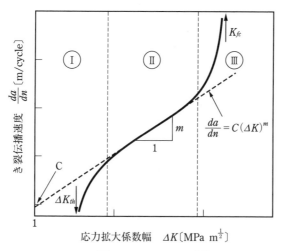

図 1.17 da/dn-ΔK 曲線

1.2.3 高温および低温強度

　炭素鋼の高温における機械的性質は C 量により異なるが，温度の上昇とともに**図 1.18** のように変化する．軟鋼の引張強さや硬さは 200〜300℃で極大となり，これより高温では減少する．伸びや絞りはこの温度域で極小となり，これより高温では増大する．また，衝撃値は 400〜500℃で極小値を示す．このように鋼では一般に 200〜300℃で強く，脆くなるが，この温度域では青色

の酸化膜ができるので，この脆化を**青熱脆性**（blue shortness）という．一方，
S を多く含んでいる炭素鋼では 950℃前後で脆化し，加工中にき裂を生じるこ
とがある．この赤熱温度域での脆化を**赤熱脆性**（red shortness）といい，これ
らの温度域での使用や加工を避けなければならない．

　また，機械部材を高温で長時間使用するとき，短時間負荷での強さに比べて
明らかに小さい応力でも，大きな変形を生じて破断することがあり，これを**ク
リープ破断**（creep rupture）という．一定温度の下で負荷したとき，規定した
負荷時間に規定したひずみを生じる応力を**クリープ強さ**（creep strength）と
いい，1 000 時間に 1%，0.1%あるいは 0.01%のひずみを生じる応力が用いら
れる．これは耐熱性機械部材の強度設計に考慮しなければならない強さである．

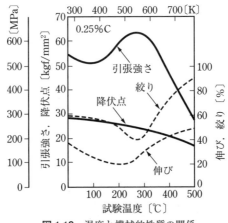

図 1.18　温度と機械的性質の関係

　炭素鋼の低温における機械的性質も C 量により異なるが，一般に温度低下
とともに引張強さ，降伏点，硬さ，疲れ限度などは増加し，伸び，絞り，衝撃
値などは減少する．特に，衝撃値は，**図 1.19** に示すように，ある温度以下で
は急に減少し，脆性破壊を起こす．この延性から脆性に移る温度を**遷移温度**
（transition temperature）といい，通常は衝撃値が低下し始めたときの値の 1/2
になる温度をとる．このように低温で脆化する性質を**低温脆性**（low
temperature brittleness）という．これは切欠き効果，寸法効果の影響も大き

いので，特に低温で使用する溶接構造部材の設計に当たっては十分注意しなけ
ればならない．

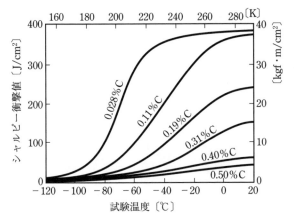

図1.19 炭素鋼の衝撃値の温度依存性

1.2.4 許容応力と安全率

　機械要素部材を設計する際の**設計応力**（design stress）σ_d は**許容応力**
（allowable stress）σ_{al} 以下でなければならない．また，部材の使用中に実際に
作用する応力を**作用応力**（working stress）σ といい，理想的には設計応力 σ_d
に等しい．すなわち

$$\sigma \leqq \sigma_{al} \tag{1.18}$$

でなければならない．許容応力 σ_{al} は材料の**基準強さ** σ_F に対する強度的ばら
つき，作用応力のばらつき，計算上の不確実さ，破損時の経済的，社会的損失
の程度などを考慮した**安全率** S を用いて，

$$\sigma_{al} = \frac{\sigma_F}{S} \tag{1.19}$$

で与えられる．基準強さ σ_F としては降伏点，引張強さ，疲れ限度，クリープ
限度などがある．多くの場合は量的に資料が整っている引張強さを採用するが，
実際の作用応力の形式に則した強さを使用すればよい．**表1.7** は安全率の例を
示しており，材料と負荷形式によって値が異なる．また，**表1.8** は鉄鋼材料の
許容応力を負荷の種類と形式に対して示したものである．

表 1.7　アンウィンの安全率

材料	安　全　率			
	静荷重	繰返し荷重		変化する荷重あるいは衝撃荷重
		片振り	両振り	
鋳　　　鉄	4	6	10	15
錬　鉄，鋼	3	5	8	12
木　　　材	7	10	15	20
れんが，石材	20	30	－	－

表 1.8　鉄鋼材料の許容応力　　　　　　　　　　　　〔MPa〕

応　力	負荷	軟鋼	硬鋼	鋳鉄	鋳鋼	ニッケル鋼
引張り	A	90 ～ 120	120 ～ 180	30	60 ～ 120	120 ～ 180
	B	54 ～　70	70 ～ 108	18	30 ～　72	80 ～ 120
	C	48 ～　60	60 ～　90	15	30 ～　60	40 ～　60
圧　縮	A	90 ～ 120	120 ～ 180	90	90 ～ 150	120 ～ 180
	B	54 ～　70	70 ～ 108	50	54 ～　90	80 ～ 120
曲　げ	A	90 ～ 120	120 ～ 180	45	72 ～ 120	120 ～ 180
	B	54 ～　70	70 ～ 108	27	45 ～　72	80 ～ 120
	C	45 ～　60	60 ～　90	19	37 ～　60	40 ～　60
せん断	A	72 ～ 100	100 ～ 144	30	48 ～　96	96 ～ 144
	B	43 ～　56	60 ～　86	18	29 ～　58	64 ～　96
	C	36 ～　48	48 ～　72	18	24 ～　48	32 ～　48
ねじり	A	60 ～ 100	100 ～ 144	30	48 ～　96	90 ～ 144
	B	36 ～　56	60 ～　86	18	29 ～　58	60 ～　96
	C	30 ～　48	48 ～　72	15	24 ～　48	30 ～　48

A は静負荷　　B は軽度の動負荷または片振り繰返し負荷　　C は衝撃負荷または強度の変動負荷，両振り繰返し負荷の場合である

　安全率には信頼性を考慮した決め方がある．**図 1.20** に示すように，基準強さ σ_F のばらつきのすそ野と作用応力 σ のばらつきのすそ野に重なりができている場合に破壊確率が生じる．それぞれのばらつきの中央値を $\overline{\sigma}_F$, $\overline{\sigma}$ とすると中央安全率 S_m は

$$S_m = \frac{\overline{\sigma}_F}{\overline{\sigma}} \tag{1.20}$$

となる．したがって，基準強さおよび作用応力の頻度分布がわかれば安全率 S_m での破壊確率が求められる．また，基準強さのばらつきの下限値（$\overline{\sigma}_F - \Delta\sigma_F$）と作用応力の上限値（$\overline{\sigma} + \Delta\sigma$）がわかっているとき

$$S_m \geqq \frac{1 + \dfrac{\Delta\sigma}{\overline{\sigma}}}{1 - \dfrac{\Delta\sigma_F}{\overline{\sigma}_F}} \tag{1.21}$$

であれば破壊は生じないことになる.

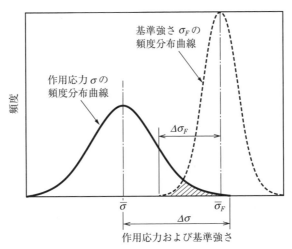

図 1.20　基準強さおよび作用応力のばらつき

1.3　寸法精度と表面粗さ

1.3.1　寸法公差

　機械部材を一定の寸法に厳密に加工するのは困難で, 要求される機能と性能を保てる程度に加工精度に誤差を持たせるのが普通である. すなわち, **基準寸法**（basic size）に対して, その機能, 性能, 加工コストなどを考慮して, **最大許容寸法**（maximum limit of size）と**最小許容寸法**（minimum limit of size）を決め, この間に**実寸法**（actual size）がおさまるようにする. この2つの許容寸法を**許容限界寸法**（limits of size）という. 最大許容寸法と最小許容寸法の差を**寸法公差**（dimensional tolerance）または単に**公差**といい, 最大許容寸法と基準寸法との差を**上の寸法許容差**（upper deviation）, 最小許容寸法と基準寸法との差を**下の寸法許容差**（lower deviation）という. **図 1.21** において, 穴と軸それぞれの最大許容寸法 A, a, 最小許容寸法 B, b, 基準寸法 C, c と

すると，穴と軸それぞれの上の寸法許容差は $ES = A - C$，$es = a - c$，下の寸法許容差は $EI = B - C$，$ei = b - c$，穴と軸それぞれの寸法公差は $T = A - B = ES - EI$，$t = a - b = es - ei$ となる．したがって，寸法公差には符号はつけないが，寸法許容差には（+），（−）の符号をつける．また，寸法許容差はそのいずれかが与えられれば，これに寸法公差を加減することでもう一方の寸法許容差が求まる．2 つの寸法許容差のうちで基準寸法に近いほうを**基礎となる寸法許容差**（fundamental deviation）という．

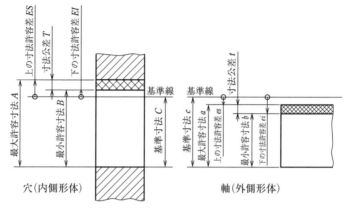

図 1.21 基準寸法と寸法公差（出典：JIS B 0401）

　どの程度の寸法公差を与えるかに関し，JIS では ISO に従って，精粗の程度で 18 等級に，基準寸法に関して 3 150 mm までの 13 区分に分けて公差を定めている．この公差を **IT 基本公差**（ISO standard tolerance）といい，**表 1.9** にその抜粋を示す．

表 1.9 IT 基本公差の数値（出典：JIS B 0401 より抜粋）

基準寸法〔mm〕		公差等級																	
		IT1	IT2	IT3	IT4	IT5	IT6	IT7	IT8	IT9	IT10	IT11	IT12	IT13	IT14[1]	IT15[1]	IT16[1]	IT17[1]	IT18[1]
を超え	以下	基本公差の数値																	
		〔μm〕											〔mm〕						
−	3	0.8	1.2	2	3	4	6	10	14	25	40	60	0.1	0.14	0.25	0.4	0.6	1	1.4
3	6	1	1.5	2.5	4	5	8	12	18	30	48	75	0.12	0.18	0.3	0.48	0.75	1.2	1.8
6	10	1	1.5	2.5	4	6	9	15	22	36	58	90	0.15	0.22	0.36	0.58	0.9	1.5	2.2
10	18	1.2	2	3	5	8	11	18	27	43	70	110	0.18	0.27	0.43	0.7	1.1	1.8	2.7
18	30	1.5	2.5	4	6	9	13	21	33	52	84	130	0.21	0.33	0.52	0.84	1.3	2.1	3.3
30	50	1.5	2.5	4	7	11	16	25	39	62	100	160	0.25	0.39	0.62	1	1.6	2.5	3.9
50	80	2	3	5	8	13	19	30	46	74	120	190	0.3	0.46	0.74	1.2	1.9	3	4.6
80	120	2.5	4	6	10	15	22	35	54	87	140	220	0.35	0.54	0.87	1.4	2.2	3.5	5.4
120	180	3.5	5	8	12	18	25	40	63	100	160	250	0.4	0.63	1	1.6	2.5	4	6.3

1）公差級数 IT14 〜 IT18 は，1 mm 以下の基準寸法に対しては使用しない.

1.3.2 はめあい

　機械部材の穴に軸を取り付ける場合，2 つの部品のはめあわせる前の寸法の差によって生じる関係を**はめあい**（fit）という．**図 1.22** は穴と軸の公差域（tolerance zone）の基準線（zero line）に対する位置を穴に対しては大文字のアルファベットで，軸に対しては小文字で示し，穴，軸とも 28 種類に分けられている．また，**表 1.10** にそれぞれの基準寸法区分に対する各軸および穴の種類の場合の基礎となる寸法許容差の数値例を示す．この公差域の位置を示すアルファベットと公差等級とを組み合わせて寸法公差の範囲（公差域）を表せる．例えば，60g5 は表 1.10 より基礎となる寸法許容差は上の寸法許容差で $es = -0.010$ mm，表 1.9 より基本公差は 0.013 mm であるから，最大許容寸法 $a = c + es = 59.990$ mm，最小許容寸法 $b = a - t = 59.977$ mm となる．なお，基準寸法にかかわらず，穴の種類 H では下の寸法許容差が，軸の種類 h では上の寸法許容差が零であり，これらを**基準穴（H 穴）**，**基準軸（h 軸）**という．

　穴と軸のはめあいにおいて，穴の寸法が軸の寸法より大きいときの寸法の差を**すきま**（clearance），穴の寸法が軸の寸法より小さいときの寸法の差を**しめしろ**（interference）という．つねにすきまのあるはめあいを**すきまばめ**

(clearance fit)，つねにしめしろのあるはめあいを**しまりばめ**（interference），実寸法によってすきまのできることも，しめしろのできることもあるはめあいを**中間ばめ**（transition fit）という．

　これらのはめあい方式には，各種類の軸を基準穴にはめあわせる**穴基準はめあい**（hole-basis system）と各種の穴を基準軸にはめあわせる**軸基準はめあい**（shaft-basis system）とがある．一般的には，同一の軸に多種類のはめあいをしなければならないときを除いて，軸のほうが加工や寸法計測が容易であるので，穴基準はめあいが採用される．

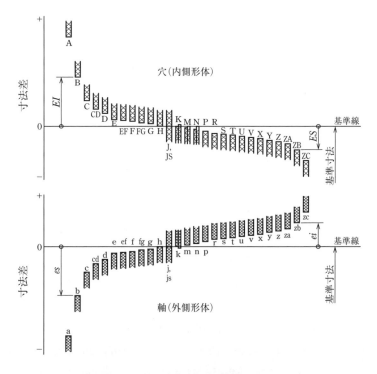

図 1.22　穴と軸の寸法許容差（出典：JIS B 0401）

表 1.10 基礎となる寸法許容差の数値（出典：JIS B 0401 より抜粋）

基準寸法 [mm]		軸の場合 [μm]								穴の場合 [μm]							
		上の寸法許容差 es					下の寸法許容差 ei			下の寸法許容差 EI					上の寸法許容差 ES		
を超え	以下	e	f	g	h	js	m	n	p	E	F	G	H	JS	R	S	T
	3	−14	−6	−2	0	基礎となる寸法許容差はない	+2	+4	+6	+14	+6	+2	0	基礎となる寸法許容差はない	−10	−14	−
3	6	−20	−10	−4	0		+4	+8	+12	+20	+10	+4	0		−15	−19	−
6	10	−25	−13	−5	0		+6	+10	+15	+25	+13	+5	0		−19	−23	−
10	14	−32	−16	−6	0		+7	+12	+18	+32	+16	+6	0		−23	−28	−
14	18																
18	24	−40	−20	−7	0		+8	+15	+22	+40	+20	+7	0		−28	−34	−
24	30																−41
30	40	−50	−25	−9	0		+9	+17	+26	+50	+25	+9	0		−34	−43	−48
40	50																−54
50	65	−60	−30	−10	0		+11	+20	+32	+60	+30	+10	0		−41	−53	−66
65	80														−43	−59	−75
80	100	−72	−36	−12	0		+13	+23	+37	+72	+36	+12	0		−51	−71	−91
100	120														−54	−79	−104
120	140	−85	−43	−14	0		+15	+27	+43	+85	+43	+14	0		−63	−92	−122
140	160														−65	−100	−134
160	180														−68	−108	−146

JIS では，3150 mm までの基準寸法に対して規定しているが，上表では 180 mm までの基準寸法を記載した．
また，a, b, c, cd, d, ef, fg, j, k, r, s, t, u, v, x, y, z, za, zb, zc および A, B, C, CD, D, EF, FG, J, K, M, N, P, U, V, X, Y, Z, ZA, ZB, ZC を省略した．
注記：js および JS の欄の寸法許容差＝±ITn/2，ここでは n は IT の番号

[例題 1.4]

ϕ40H7/f6 のすきまばめの最大すきま，最小すきまはいくらか．

[解]

表 1.9 および表 1.10 より，穴の最大許容寸法 A = 40.025 mm，穴の最小許容寸法 B = 40.000 mm，軸の最大許容寸法 a = 39.975 mm，軸の最小許容寸法 b = 39.959 mm.

したがって，最大すきま＝$A − b$ = 40.025 − 39.959 = 0.066 mm

最小すきま＝$B − a$ = 40.000 − 39.975 = 0.025 mm

1.3.3 表面粗さ

表面粗さは機械部材の疲れ強さや表面強さに影響する．はめあいに関しては，すきまばめでは摩擦・摩耗特性などの性能に関係し，しまりばめでははめあいの強さに影響する．一般に表面粗さは寸法許容差の小さいものほど小さくし，

寸法許容差の 10%以下にするのがよい.

　図 1.23 に，**断面曲線**から相対的に波長の長いうねり成分を取り除いた，**粗さ曲線**の一例を示す．JIS および ISO で制定されている代表的な表面粗さ表示方法を以下に示す.

　1）最大高さ粗さ（maximum-height roughness，peak to valley roughness，
　　記号：Rz）

　　　基準長さ l における粗さ曲線の山の高さ Zp の最大値と谷の深さ Zv の最
　　大値の和.

　2）算術平均粗さ（arithmetical mean roughness，記号：Ra）

　　　基準長さにおける粗さ曲線 $Z(x)$ の絶対値の平均で，次式により求められる値.

$$Ra = \frac{1}{l} \int_0^l |Z(x)| dx \tag{1.22}$$

　3）二乗平均平方根粗さ（root mean square roughness，記号：Rq）

　　　基準長さにおける粗さ曲線 $Z(x)$ の二乗平均平方根で，次式により求められる値.

$$Rq = \sqrt{\frac{1}{l} \int_0^l Z^2(x) dx} \tag{1.23}$$

　表面粗さの表示としては最大高さ粗さ Rz と算術平均粗さ Ra が一般によく使用されている.

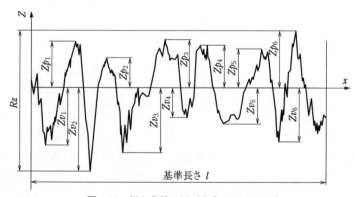

図 1.23　粗さ曲線の例（出典：JIS B 0601）

表 1.11 に各種加工法と表面粗さの範囲を示す．一般に表面粗さの小さい加工法ほど加工コストが高くなるので，機能・性能とともにコストも考慮して加工法を選択しなければならない．

表 1.11 加工法と表面粗さ（出典：日本規格協会）

加工方法	表面粗さ〔μmRa〕 （50 25 12.5 6.3 3.2 1.6 0.8 0.4 0.2 0.1 0.05 0.025 0.0125）
火炎切断	25〜12.5（特別条件で6.3まで）
スナッギング	25〜12.5
のこ引き	25〜6.3（特別条件で3.2まで）
平削り，形削り	12.5〜3.2（特別条件で50〜1.6）
穴あけ	6.3〜1.6
ケミカルミリング	6.3〜1.6
放電加工	6.3〜3.2
フライス削り	3.2〜0.8（特別条件で12.5〜0.4）
ブローチ削り	1.6〜0.8
リーマ仕上げ	1.6〜0.8
中ぐり，旋削	3.2〜0.4（特別条件で12.5〜0.2）
バレル研摩	0.8〜0.2
電解研削	0.4〜0.1
ローラバニシ仕上げ	0.4〜0.1
研削	1.6〜0.1（特別条件で3.2〜0.05）
ホーニング	0.8〜0.1（特別条件で3.2〜0.025）
つや出し	0.4〜0.05
ラップ仕上げ	0.4〜0.05（特別条件で0.2〜0.025）
超仕上げ	0.2〜0.025
砂型鋳造	25〜12.5（特別条件で50〜6.3）
熱間圧延	25〜12.5
鍛造	12.5〜3.2
パーマネントモールド鋳造	3.2〜1.6
押出し	3.2〜0.8
冷間圧延，引抜き	3.2〜0.8
ダイカスト	1.6〜0.8

備考： ▬▬▬ 一般に得られる粗さ範囲， ——— 特別な条件下に得られる粗さ範囲

[例題 1.5]

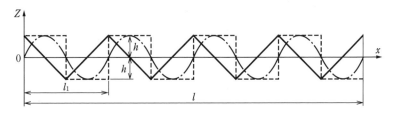

図 1.24　粗さ曲線モデル（三角波，矩形波，正弦波）

　図 1.24 に粗さ曲線のモデルとして三角波，矩形波，正弦波を示す．い
ずれも最大高さ粗さ Rz は $2h$ である．三角波の場合の算術平均粗さ Ra お
よび Rz/Ra はいくらか．l は基準長さ，l_1 は 1 波長（1 周期の変位）を示す．

[解]

1 波長分を考慮すればよい．

$$0 \leqq x \leqq \frac{l_1}{2} : Z(x) = -\frac{4h}{l_1} x + h$$

$$\frac{l_1}{2} \leqq x \leqq l_1 : Z(x) = \frac{4h}{l_1} x - 3h$$

$$Ra = \frac{1}{l_1} \int_0^{l_1} |Z(x)| dx = \frac{1}{l_1} \left\{ \int_0^{\frac{l_1}{4}} \left| -\frac{4h}{l_1} x + h \right| dx + \int_{\frac{l_1}{4}}^{\frac{l_1}{2}} \left| -\frac{4h}{l_1} x + h \right| dx \right.$$

$$\left. + \int_{\frac{l_1}{2}}^{\frac{3l_1}{4}} \left| \frac{4h}{l_1} x - 3h \right| dx + \int_{\frac{3l_1}{4}}^{l_1} \left| \frac{4h}{l_1} x - 3h \right| dx \right\} = \frac{1}{l_1} \left(\frac{hl_1}{2} \right) = \frac{h}{2}$$

したがって，$\dfrac{Rz}{Ra} = 4$

演 習 問 題

【1.1】 標準数の特徴を説明せよ.

【1.2】 R10/3 の標準数列を求めよ.

【1.3】 長さ $l = 500$ mm,直径 $d = 20$ mm の軟鋼丸棒に引張荷重 $P = 5$ kN が作用した.丸棒に生じる引張応力 σ,伸び λ,ひずみ ε を求めよ.ただし,縦弾性係数 $E = 206$ GPa とする.

【1.4】 半径 $\rho = 5$ mm の半円形環状切欠きを有する直径 $D = 40$ mm の丸棒に引張荷重 $P = 6$ kN が作用するときに切欠き底に生じる最大引張応力 σ_{max} を求めよ.また,この丸棒にねじりモーメント $T = 100$ N·m が作用するときに切欠き底に生じる最大せん断応力 τ_{max} を求めよ.

【1.5】 軟鋼の降伏点 $\sigma_y = 350$ MPa,両振り引張圧縮疲れ限度 $\sigma_w = 200$ MPa であった.この材料の片振り引張疲れ限度をゾンダーベルグ線図を考慮して求めよ.

【1.6】 応力集中係数 $\alpha = 3.5$,切欠き係数 $\beta = 3.0$ のとき切欠き感度係数 η はいくらか.

【1.7】 両振りの繰返し負荷を受ける部材で,応力振幅 $\sigma_1 = 500$ MPa のとき破壊繰返し数 $N_1 = 2 \times 10^6$ で,応力振幅 $\sigma_2 = 300$ MPa のとき破壊繰返し数 $N_2 = 10 \times 10^6$ であった.この部材を応力振幅 $\sigma_2 = 300$ MPa で $n_2 = 6 \times 10^6$ 回繰返し負荷した後に応力振幅を $\sigma_1 = 500$ MPa として破壊するまで繰返し負荷を与えるとき,残りの負荷繰返し数を推定せよ.

【1.8】 半径 $\rho = 5$ mm の半円形環状切欠きを有する直径 $D = 20$ mm のニッケルクロム鋼・SNC415 製丸軸に曲げモーメント $M = 15$ N·m の回転曲げが作用するとき,安全率はいくらか.ただし,この場合は(応力集中係数 α)=(切欠き係数 β)とする.

【1.9】 直径 50 mm の H7 級基準穴に h7 級の軸をはめあわせる場合の穴と軸の加工寸法を求めよ.

【1.10】 [**例題 1.5**]の粗さ曲線モデルの矩形波および正弦波の場合の算術平均粗さ Ra はいくらか.

第**2**章　ね　じ

2.1　ねじの基本と規格

2.1.1　ねじの基本

ねじ（thread）は，複数の部品を組み立てるときの締結や回転運動を直線運動に変換する際などに利用される．ねじは，おねじとめねじの1対でねじの働きをし，ねじ山の形状によって，三角ねじ・角ねじ・台形ねじなどの種類がある．それぞれのねじの特徴を利用して，部品の締結，装置の位置決めなどに用いられる．

図 2.1 に示すように，円筒に直角三角形 ABC を巻き付けると，斜辺 AC はつるまき線（helix）と呼ばれる曲線 AC′となる．このつるまき線が，ねじの基本曲線である．また，斜辺 AC の傾き角 θ を**リード角**（lead angle）あるいは**進み角**という．このつるまき線に沿って，断面形状が三角形や四角形あるいは台形などの帯を巻き付けると**おねじ**（external thread）ができる．このおねじにはまりあうように，穴の内面に，おねじと同じ断面形状のねじ溝をもつのが**めねじ**（internal thread）で，おねじと1対となって，ねじの働きをする．ねじは，つるまき線の巻かれる向きによって，**右ねじ**と**左ねじ**があり，一般には右ねじが用いられる．

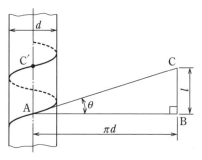

図 2.1　円筒とつるまき線

図 2.2（a）のように，1本のねじ山を巻き付けてつくられたねじを**一条ねじ**と呼ぶ．また，2本以上のねじ山を等間隔に巻き付けたねじを，二条ねじ（図 2.2（b））・三条ねじなどと呼ぶ．これらは一般に**多条ねじ**と呼ばれ，ねじ1回転当たりのリードを大きくとりたい場合などに用いられる．

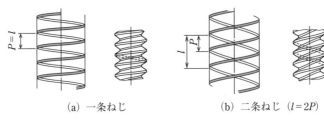

(a) 一条ねじ   (b) 二条ねじ（*l = 2P*）

図2.2　ねじの条数とリード

　ねじの軸に平行で，隣り合うねじ山の対応する点の距離を**ピッチ**（pitch）と呼び，ねじを 1 回転させて，ねじが軸方向に移動する距離を**リード**（lead）という．リードを *l*，ピッチを *P*，ねじの条数を *n* とすると，

$$l = nP \tag{2.1}$$

となる．

2.1.2　ねじの種類

　ねじの各部の名称は，**図 2.3** に示す通りで，ねじの大きさは，おねじの外径で表し，これをねじの**呼び径**（nominal diameter）という．めねじは，これにはまりあうおねじの大きさで表す．

　図 2.4（a）に示すねじ山の断面形状△ABC が正三角形に近い**三角ねじ**は，機械部品の締結に多く用いられている．三

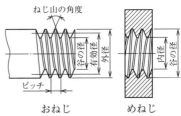

おねじ　　　　めねじ

図 2.3　ねじの各部の名称

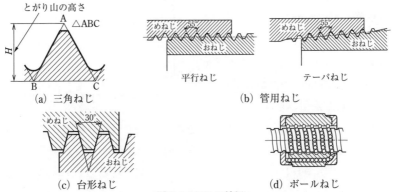

(a) 三角ねじ　　　　　　　　(b) 管用ねじ

(c) 台形ねじ　　　　　　　　(d) ボールねじ

図 2.4　ねじの種類

角ねじには，一般に広く用いられているメートルねじと，ねじ山の大きさを
ピッチで表示したユニファイねじなどがある．メートルねじには，一般用メー
トルねじ並目が使用されることが多い．また，振動などによってねじを緩みに
くくするためにさらに細かいピッチを必要とするときは，細目が使用される場
合もある．**表 2.1** は，一般用メートルねじの基準寸法である．同じねじの呼び
径でピッチが複数ある場合には，最上段が並目のピッチで，それ以外は細目の
ピッチである．一般用メートルねじでは，おねじの山の幅とめねじの山の幅と
が等しくなるような仮想円筒の直径を**有効径**（effective diameter）という．ま
た，ねじの強度計算には，おねじの有効径と谷の径との平均値を直径とする仮
想的な円筒の断面積である**有効断面積**（effective sectional area）が用いられる．
ねじ山の角度 α は 60° で，ピッチは mm で示される．おねじ外径 10 mm，ピッ
チ 1.5 mm の並目メートルねじの場合には M10 のようにねじの記号 M と外径
寸法だけを表記し，ピッチの表示は省略する．同じ外径 10 mm でピッチ 1.25
mm の細目メートルねじの場合には M10 × 1.25 というように，ピッチも表記
する．

　ユニファイねじのねじ山の角度もメートルねじと同じ 60° であるが，ピッチ
は 1 インチ（25.4 mm）当たりの山の数で表すインチ系のねじである．航空機
などに多く利用されている．

　図 2.4（b）に示す**管用ねじ**（pipe thread）は，主に管をつなぐのに用いるね
じである．ピッチが小さく，ねじ山が並目ねじに比べて低いという特徴を持っ
ているので，ねじが切られていることによる管自身の強度低下はわずかで，気
密性が高い．その管用ねじには，平行ねじとテーパねじがある．テーパねじは，
特に高い気密を要するところに使われる．流体の漏れ止めや気密を保つために，
ねじ部にシールテープを巻いたり，シール剤を塗ったりしておねじとめねじを
締結して流体の漏れ止めや気密性を確保している．

　三角ねじの他に，**図 2.4**（c）に示す**台形ねじ**や**角ねじ**などがある．角ねじは，
ねじの断面がほぼ正方形で，三角ねじに比べ摩擦が少ないという特徴を持って
いるため，大きな力を受けて運動する部分などに用いられる．しかし，ねじ山
の加工が困難であるため，精度のよいねじが得られにくい．台形ねじは，角ね
じに比べ，製作が容易で強度も高いという利点を持っているが，角ねじよりも

表 2.1 一般用メートルねじの寸法（出典：JIS より抜粋）

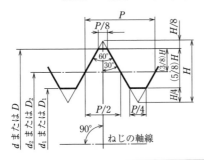

P：ピッチ
d：おねじの呼び径
D：めねじの呼び径
d_1：おねじの谷の径
D_1：めねじの内径
d_2：おねじの有効径
D_2：めねじの有効径
H：とがり山の高さ

$$H = \frac{\sqrt{3}}{2} P = 0.866025404\,P$$

A_s：有効断面積
$$A_s = 0.7854\,(d - 0.9382\,P)^2$$

単位〔mm〕

呼び径 d, D	ピッチ P	有効径 d_2, D_2	おねじ谷径 d_1 めねじ内径 D_1	有効断面積 A_s 〔mm²〕	呼び径 d, D	ピッチ P	有効径 d_2, D_2	おねじ谷径 d_1 めねじ内径 D_1	有効断面積 A_s 〔mm²〕
2	0.4	1.740	1.567	2.07	＊22	2.5	20.376	19.294	303
3	0.5	2.675	2.459	5.03		2	20.701	19.835	318
＊3.5	0.6	3.110	2.850	6.78		1.5	21.026	20.376	333
4	0.7	3.545	3.242	8.78	24	3	22.051	20.752	353
5	0.8	4.480	4.134	14.2		2	22.701	21.835	384
6	1	5.350	4.917	20.1	＊27	3	25.051	23.752	459
＊7	1	6.350	5.917	28.9		2	25.701	24.835	496
8	1.25	7.188	6.647	36.6	30	3.5	27.727	26.211	561
	1	7.350	6.917	39.2		2	28.701	27.835	621
10	1.5	9.026	8.376	58.0	＊33	3.5	30.727	29.211	694
	1.25	9.188	8.647	61.2		2	31.701	30.835	761
	1	9.350	8.917	64.5	36	4	33.402	31.670	817
12	1.75	10.863	10.106	84.3		3	34.051	32.752	865
	1.5	11.026	10.376	88.1	＊39	4	36.402	34.670	976
	1.25	11.188	10.647	92.1		3	37.051	35.752	1 030
＊14	2	12.701	11.835	115	42	4.5	39.077	37.129	1 120
	1.5	13.026	12.376	125		3	40.051	38.752	1 210
16	2	14.701	13.835	157	＊45	4.5	42.077	40.129	1 310
	1.5	15.026	14.376	167		3	43.051	41.752	1 400
＊18	2.5	16.376	15.294	192	48	5	44.752	42.587	1 470
	2	16.701	15.835	204		3	46.051	44.752	1 600
	1.5	17.026	16.376	216	＊52	5	48.752	46.587	1 760
20	2.5	18.376	17.294	245		4	49.402	47.670	1 830
	2	18.701	17.835	258	56	5.5	52.428	50.046	2 030
	1.5	19.026	18.376	272		4	53.402	51.670	2 140

（JIS B 0250-3：2001, 0250-4：2001，JIS B 1082：1987，JIS B 0209-1：2001 などより作成）

注. 呼び径の選択には，無印のものを最優先にする．
表の＊印の呼び径は第 2 選択のものである．
ピッチは並目である．複数のピッチの表示があるものは，最上段のピッチが並目で，
以下細目である．
ねじの呼びかた 　並目：M（呼び径）　　例　M8
　　　　　　　　 　細目：M（呼び径）× ピッチ　例　M8×1

効率は劣る.

図 2.4（d）の**ボールねじ**は，おねじとめねじのねじ山同士の接触ではなく，おねじとめねじの両方のつるまき線上に溝を設け，これに鋼球を一列に入れたねじである．おねじとめねじはこの鋼球を介して接触し，回転と動力を伝達する．ボールねじは，ふつうの三角ねじや角ねじなどに比べて，ねじと鋼球間が転がり運動をするため摩擦が極端に少なく，回転も滑らかで高い効率が得られるという利点を生かして，自動車や工作機械に利用範囲が広がっている．

その他のねじとして，電球の口金や受け金などに用いられる電球ねじ，台形ねじの山の頂と谷底に大きい丸みを付けた丸ねじ，軸方向の力が一方向だけに働く場合に用いられる非対称断面であるのこ歯ねじなどもある．

2.2 ねじに作用する力と効率

2.2.1 ねじに作用する力

ねじは，図 2.1 に示したように斜面を円筒に巻き付けたものと考えられるので，**図 2.5** のように，ねじの働きは，（a）斜面上に置かれた物体を押し上げる作用，または，（b）押し下げる作用とすることができる．ねじに働く軸方向の荷重は，はまりあうねじ山のすべてに一様に加わるとする．図 2.5 のような角

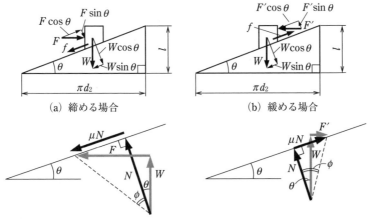

（a）締める場合 （b）緩める場合

垂直抗力 $N = W\cos\theta + F\sin\theta$ 垂直抗力 $N = W\cos\theta - F'\sin\theta$

（c）締める場合の摩擦角とリード角 （d）緩める場合の摩擦角とリード角

図 2.5 ねじに作用する力

ねじについて，ねじ山の 1 か所に全荷重 W〔N〕が集中して加わるものとして，ねじに働く力と効率を考える．

ねじの有効径を d_2 とすれば，リード角 θ は，

$$\tan \theta = \frac{l}{\pi d_2} \tag{2.2}$$

で表される．図 2.5（a）のように，ねじを締めることは，斜面上の物体に作用する荷重 W を水平方向の力 F で押し上げることと等価である．いま，斜面と物体との間の摩擦係数を μ とすると，斜面に沿う摩擦力 f は $f = \mu(F \sin \theta + W \cos \theta)$ となる．したがって，斜面に平行な力のつりあいは次式のようになる．

$$F \cos \theta - \mu(F \sin \theta + W \cos \theta) - W \sin \theta = 0 \tag{2.3}$$

上式から，

$$F = W \frac{\sin \theta + \mu \cos \theta}{\cos \theta - \mu \sin \theta} = W \frac{\tan \theta + \mu}{1 - \mu \tan \theta} \tag{2.4}$$

が得られる．ここで，摩擦角を ϕ として摩擦係数 μ を，

$$\mu = \frac{\mu N}{N} = \tan \phi \tag{2.5}$$

のように表す．したがって，

$$F = W \frac{\tan \theta + \tan \phi}{1 - \tan \phi \tan \theta} \tag{2.6}$$

と表される．さらに，正接の加法定理を利用すると，

$$F = W \tan(\phi + \theta) \tag{2.7}$$

となる．

次に，図 2.5（b）のように，ねじを緩めることは，物体を水平方向の力 F'〔N〕で押し下げることである．ここで，F' は押し上げるときの F とは逆向きに作用するので，摩擦力も逆向きに作用することを考慮すると，

$$F' = W \tan(\phi - \theta) \tag{2.8}$$

となる．

図 2.5（c）と（d）はそれぞれ締める場合と緩める場合の垂直抗力 N と摩擦力 $f = \mu N$ の関係，荷重 W と水平方向の力 F または F' との関係を力のベクトルで表している．なお，締めるときと緩めるときのリード角 θ と摩擦角 ϕ は

それぞれ同じ値で，W の力ベクトルの大きさも同じとして描いている．さらに，垂直抗力に対して W, F, F' のベクトルを描いている．式（2.8）と図 2.5（d）から，ねじが**逆転しない条件**（**自立条件**）は $\theta \leqq \phi$ であることがわかる．W が同じとき式（2.7）と式（2.8），あるいは図 2.5（c）と（d）を比較すると，力の大小は $F' < F$ であると理解できる．したがって，ねじは締めるときよりも小さい力で緩めることができる．

ねじを締め付けたり緩めたりするときには，スパナなどの工具を用いてねじにトルクを作用させている．その締付けトルク T と緩めるときのトルク T' は，ねじの有効径 d_2 に働くと考えると，それぞれ次式となる．

$$T = \frac{Wd_2}{2} \tan(\phi + \theta) \tag{2.9}$$

$$T' = \frac{Wd_2}{2} \tan(\phi - \theta) \tag{2.10}$$

ねじをスパナで締めるとき，ねじの摩擦だけでなく，ナットと座面の間の摩擦も考えなければならない．簡易的に，ナットと座面の摩擦も考慮に入れたねじを締め付けるトルク T は，ねじの呼び径 d を用いて，次式で表される．

$$T = 0.2\,dW \tag{2.11}$$

なお，より正確な締付けトルクは，ナット座面の摩擦力がナット座面の平均的な直径の円周に沿って作用するとして求めることができる．六角ナットの場合，ナットの二面幅を B，ボルトを通すねじ穴径を d_h，ナットと座面の摩擦係数を μ_1 とすると，締付けトルク T は

$$T = \frac{Wd_2}{2} \tan(\phi + \theta) + W\mu_1 \frac{B + d_h}{4} \tag{2.12}$$

で与えられる．

2.2.2　ねじの効率

ねじがした仕事のねじに加えた仕事に対する割合を**ねじの効率**という．図 2.5 のねじの斜面で考えると，ねじのした仕事は Wl であり，ねじに加えた仕事は $F\pi d_2$ であるから，効率 η は，

$$\eta = \frac{Wl}{F\pi d_2} = \frac{W\pi d_2 \tan\theta}{W\pi d_2 \tan(\phi+\theta)} = \frac{\tan\theta}{\tan(\phi+\theta)} \tag{2.13}$$

となる．なお，ボールねじ以外のねじの場合，ϕ は θ より大きくなくてはならないから，$\phi = \theta$ としても，θ は小さいので，効率は約50%である．三角ねじは，角ねじよりも摩擦が大きいので，より効率が悪くなり，運動用のねじとしては適さない．

[例題 2.1]

ねじを緩めるときの式（2.8）を導け．

[解]

斜面に沿う摩擦力 f は $f = \mu(-F'\sin\theta + W\cos\theta)$ となる．斜面に平行な力のつりあいは次式のようになる．

$$-F'\cos\theta + \mu(-F'\sin\theta + W\cos\theta) - W\sin\theta = 0$$

したがって，

$$F' = W\frac{\mu\cos\theta - \sin\theta}{\cos\theta + \mu\sin\theta} = W\frac{\mu - \tan\theta}{1 + \mu\tan\theta} = W\frac{\tan\phi - \tan\theta}{1 + \tan\phi\tan\theta} = W\tan(\phi-\theta)$$

となる．

[例題 2.2]

図 2.6 のように，三角ねじの摩擦係数 μ' と摩擦角 ϕ' は，角ねじの摩擦係数 μ と摩擦角 ϕ を基準にすると，それぞれ次式のようになる．このことから，三角ねじは角ねじより締結に適していることを示せ．ただし，α はねじ山の角度である．

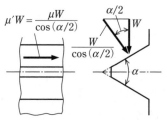

$$\mu' = \frac{\mu}{\cos\left(\dfrac{\alpha}{2}\right)} , \quad \phi' = \tan^{-1}\frac{\mu}{\cos\left(\dfrac{\alpha}{2}\right)}$$

図2.6 三角ねじのねじ山に作用する力

[解]━━━━━━━━━━━━━━━━━━━━━━━━━━━━━

$\mu' > \mu$ であるから，式 (2.7) から，三角ねじは角ねじより摩擦の影響が大きいことがわかる．したがって，小さいトルクで大きな締結力を発生することができるため，三角ねじは締結に適している．

[例題 2.3]

M8 の一般用メートルねじ並目のボルトを用いて，$W = 5\,\mathrm{kN}$ の力で工作物を締め付ける．このとき，有効長さ $L = 100\,\mathrm{mm}$ のスパナに加える力 F_s を求めよ．ただし，ねじの摩擦係数を 0.2 とし，ナットと座面との摩擦は無視できるとする．

[解]━━━━━━━━━━━━━━━━━━━━━━━━━━━━━

表 2.1 から，$P = 1.25\,\mathrm{mm}$, $d_2 = 7.19\,\mathrm{mm}$ である．したがって，

$$\tan\theta = \frac{l}{\pi d_2} = \frac{1 \times 1.25}{\pi \times 7.19} = 0.0554 \text{ であるから，} \theta = 3.17°$$

$\tan\phi = 0.2$ であるから，$\phi = 11.3°$

したがって，$F_s = \dfrac{W d_2}{2L} \tan(\phi + \theta) = \dfrac{5\,000 \times 7.19}{2 \times 100} \times \tan(11.3° + 3.17°) = 46.4\,\mathrm{N}$

[例題 2.4]

ねじの有効径 27 mm，ピッチ 6 mm の一条角ねじを用いたジャッキがある．ねじの摩擦係数を 0.1 としたとき，このねじの効率を求めよ．

[解]━━━━━━━━━━━━━━━━━━━━━━━━━━━━━

$P = 6\,\mathrm{mm}$, $d_2 = 27\,\mathrm{mm}$ である．したがって，

$$\tan\theta = \frac{l}{\pi d_2} = \frac{1 \times 6}{\pi \times 27} = 0.0708 \text{ であるから，} \theta = 4.05°$$

$\tan\phi = 0.1$ であるから，$\phi = 5.71°$

$$\eta = \frac{\tan\theta}{\tan(\phi+\theta)} = \frac{0.0708}{\tan(5.71°+4.05°)} = 0.412$$

効率は41%

2.2.3 締結ボルトに作用する力

　圧力容器のフランジなどをボルトで締結する場合，フランジなどの部材をボルトで締め付けたときの初期荷重以外に，圧力容器の圧力変動に伴う外力も作用する．このような場合のボルトに作用する荷重と弾性変形について考える．図2.7のように，ボルトと部材のばね定数をそれぞれ k_b と k_t とする．初期荷重 W_0 で締結するときに生じるボルトの伸びと部材の縮みをそれぞれ λ_0, δ_0 とすると，

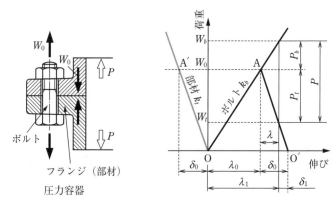

図2.7 外力が作用するボルトと締結部材の荷重と伸びの関係

$$\lambda_0 = \frac{W_0}{k_b}, \qquad \delta_0 = -\frac{W_0}{k_t} \tag{2.14}$$

となる．この関係を図示すると図のOAとOA′となる．OA′をO′Aまで平行移動すると，初期の締結状態は点Aで表される．この状態で外力 P が作用すると，ボルトと部材は，それぞれ λ だけ伸びる．外力が作用したときのボルトの伸びと部材の縮みをそれぞれ λ_1, δ_1 とすると，$\lambda_1 = \lambda_0 + \lambda$, $\delta_1 = \delta_0 - \lambda$ となる．また，λ だけ伸びるとき，ボルトの引張荷重が P_b だけ増加し，部材の圧縮荷重は P_t だけ減少する．したがって，

$$\lambda = \frac{P_b}{k_b} = \frac{P_t}{k_t}, \qquad P = P_b + P_t \tag{2.15}$$

の関係が成り立つから，ボルトに作用する引張荷重 W_b と部材の圧縮荷重 W_t は次式となる．

$$W_b = W_0 + \frac{k_b}{k_b + k_t}\,P \tag{2.16}$$

$$W_t = W_0 - \frac{k_t}{k_b + k_t}\,P \tag{2.17}$$

　圧力容器の場合，$\delta_1 = \delta_0 - \lambda = 0$ となるような外力 P が作用すると，$W_t = 0$ となり，フランジは全く圧縮されていない状態となるから，容器内の流体が漏れ出す恐れがある．また，気密を必要とする場合にはフランジ部にパッキンなどを介して締め付けるので，パッキンを含めたフランジのばね定数は小さくなる．したがって，外力による W_t の減少は小さく，初期荷重 W_0 が小さくても W_t が 0 となりにくい．

2.3 ねじの強度

　ねじの強度は，ボルトの太さに依存する．設計に当たっては，ボルトに作用する力とボルトに使われている材料の許容強さを基にして，ボルトの太さを決めなければならない．ボルトに作用する力には，ボルト軸方向の荷重を受ける場合，軸方向の荷重とねじり荷重を同時に受ける場合，そしてせん断荷重を受ける場合に大別できる．

2.3.1 軸方向引張荷重を受ける場合

　図 2.8 のようにボルト軸方向に引張荷重 W が作用したとき，おねじの有効断面積 A_s に生じる引張応力 σ_t は次式となり，ボルト材料の許容引張応力を σ_{al} とするとき，σ_t は σ_{al} 以下でなければならない．

$$\sigma_t = \frac{W}{A_s} \leqq \sigma_{al} \tag{2.18}$$

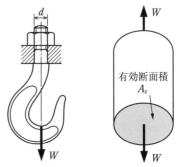

図2.8 軸方向に力を受けるボルトとそれと等価な円柱

おねじの有効断面積 A_s は次のように定義されている.

$$A_s = \frac{\pi}{4} \left(\frac{d_2 + d_3}{2} \right)^2 \tag{2.19}$$

ただし，d_2 はおねじ有効径の基準寸法である.　d_3 はおねじの谷の径の基準寸法 d_1 と，とがり山の高さ H によって次式で与えられる.

$$d_3 = d_1 - \frac{H}{6} \tag{2.20}$$

ここで，$H = \frac{\sqrt{3}}{2} P \approx 0.866P$ であり，P はねじのピッチである.

したがって，式（2.18）から得られる A_s に基づいて，表 2.1 からボルトの呼び径 d を選べばよい.

2.3.2　軸方向の荷重とねじりトルクを同時に受ける場合

図 2.9 のように，おねじの有効直径 d_2 の円柱の外周に沿って，式（2.9）で示したトルクが作用するとき，おねじの有効断面積 A_s に対応する直径を d_A とすると，その直径 d_A の円柱に生じるねじりのせん断応力 τ は

$$\begin{aligned} \tau &= T \frac{16}{\pi d_A^{\,3}} = \frac{4W}{\pi d_A^{\,2}} \frac{2d_2}{d_A} \tan(\phi + \theta) = \frac{W}{A_s} \frac{2d_2}{d_A} \tan(\phi + \theta) \\ &= \sigma_t \frac{2d_2}{d_A} \tan(\phi + \theta) \end{aligned} \tag{2.21}$$

で与えられる.　いま，ボルトとナットの材料が鋼で，$\tan(\phi + \theta) \approx 0.25$ と近似でき，かつ，$\dfrac{d_2}{d_A} \approx 1.2$ であるとして，せん断応力 τ を次式で近似しても差し支えない.

$$\tau \approx 0.6\,\sigma_t \tag{2.22}$$

いま，おねじの直径 d_A の円柱には σ_t と τ が同時に作用しているから，最大主応力 σ_1 は，

$$\sigma_1 = \frac{\sigma_t}{2} + \sqrt{\left(\frac{\sigma_t}{2} \right)^2 + \tau^2} \tag{2.23}$$

となる.　式（2.22）が成り立つ場合には，

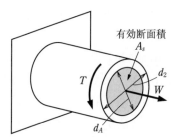

図 2.9　軸方向荷重とねじりトルクを
　　　　同時に受ける円柱

$$\sigma_1 = \frac{4}{3} \, \sigma_t \tag{2.24}$$

として近似できる．このことから，軸方向の荷重とねじりトルクを同時に受ける場合，軸方向の荷重の $\dfrac{4}{3}$ 倍の荷重が軸方向にかかるものとして計算することが多い．式 (2.18) から

$$\frac{4}{3} \, \sigma_t = \frac{4}{3} \, \frac{W}{A_s} \leqq \sigma_{al} \tag{2.25}$$

となる．したがって，上式から得られる A_s に基づいて，表 2.1 からボルトの呼び径 d を選べばよい．

2.3.3 せん断荷重を受ける場合

図 2.10 のようにボルトで締め付けた 2 つの板が互いにボルト軸方向に対して直角方向に引っ張られるとき，ボルトはせん断荷重を受ける．ボルトの許容せん断応力を τ_{al} とすると，式 (2.27) から得られる d に基づいて，表 2.1 からボルトの呼び径を選べばよい．

$$\tau_{al} = \frac{W}{\dfrac{\pi}{4} d^2} \tag{2.26}$$

$$d = \sqrt{\frac{4W}{\pi \tau_{al}}} \tag{2.27}$$

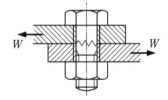

図 2.10 せん断荷重を受けるボルト

ただし，上式は，ボルトのねじ部がせん断面にならない場合のせん断強度である．そのため，ねじ部がせん断面になることを避けた設計をする必要がある．

[例題 2.5]

　鋼製アイボルトを利用して 48 kN の荷重を真上に持ち上げるときに必要なねじの大きさを求めよ．ただし，許容引張応力は 48 MPa とし，一般用メートルねじ並目を用いるとする．

［解］

式 (2.18) から，

$$A_s \geqq \frac{W}{\sigma_{al}} = \frac{48\,000}{48} = 1\,000\,\text{mm}^2$$

表 2.1 から，M42 のボルトとなる．

［例題 2.6］

軸方向の荷重とねじりトルクを同時に受ける鋼製締付けボルトに荷重 6 kN が加わるときに必要なねじの大きさを求めよ．ただし，許容引張応力は 60 MPa とし，一般用メートルねじ並目を用いるとする．

［解］

式 (2.25) から，

$$A_s \geqq \frac{4W}{3\sigma_{al}} = \frac{4 \times 6\,000}{3 \times 60} = 133\,\text{mm}^2$$

表 2.1 から，M16 のボルトを選べばよい．

［例題 2.7］

呼び径 12 の鋼製締付けボルトにせん断荷重 2 kN が加わるとき，ボルトに生じるせん断応力を求めよ．

［解］

表 2.1 と式 (2.26) から，

$$\tau = \frac{W}{\dfrac{\pi}{4}d^2} = \frac{4 \times 2\,000}{\pi \times 12^2} = 17.7\,\text{MPa}$$

2.3.4　ねじのはめあい部の長さ

締結用ねじと運動用ねじでは，ねじのはめあい部の長さの決定方法が異なる．

　締結用ねじの場合，ボルトとナットのおねじとめねじのはまりあう山数が少ないと，ねじ山がせん断破壊する恐れがある．はめあい部の長さは，ねじ山に生じるせん断応力によって決定される．JISでは，ナットの高さはボルトの呼び径 d の約 $0.8 \sim 1.0$ 倍となっている．

　めねじがナットでない押えボルト・植込みボルトのねじ込まれる部分の長さ l は，ボルトの外径を d とすると，ねじ穴の材質によって，次のようにする．軟鋼・鋳鋼・青銅では，$l = d$，鋳鉄では，$l = 1.3d$，軽合金では，$l = 1.8d$ が採用されている．また，めねじのねじ穴深さは，l よりもさらに2山程度長くする．

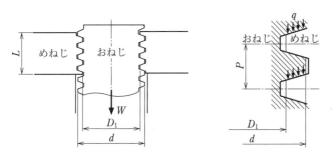

図2.11　運動用ねじのはめあい部の長さ

　工作機械などのテーブルの送りなどに利用される運動用ねじの場合，おねじとめねじのはまりあうねじ部の長さは，ねじ山の接触面に生じる圧力とねじ山に生じるせん断応力に基づいて決定される．**図2.11**において，はめあい部のねじ山が一様に接触していると仮定すると，ねじ山の接触総面積 A は，おねじの外径 d，めねじの内径 D_1，接触しているねじ山の数 z とすると次式で近似できる．

$$A \approx \frac{\pi}{4} (d^2 - D_1^2) z \tag{2.28}$$

ねじに作用する荷重を W，ねじ材料の許容接触面圧力を q とすると，

$$W = qA = \frac{\pi}{4} q (d^2 - D_1^2) z \tag{2.29}$$

となるから，荷重 W を分担するのに必要なねじ山の数 z は

$$z = \frac{4W}{\pi q \, (d^2 - D_1{}^2)} \tag{2.30}$$

となるので，ねじのはめあい部の長さ L は，ねじのピッチを P とすると

$$L = \frac{4WP}{\pi q \, (d^2 - D_1{}^2)} \tag{2.31}$$

で与えられる．

2.4　ねじ部品

2.4.1　ボルトとナット

　ボルト（bolt）とナット（nut）は，締結用の部品であり，おねじとめねじの関係にあるものがボルトとナットとして取り扱われている．図2.12 に示すように使用目的や形状によって，ボルトとナットには様々なものがある．（a）の通しボルトでは，部材に加工されたボルト直径よりもわずかに大きい貫通穴にボルトを通し，ナットと組み合わせて部材を締結する．また，押えボルトでは，部材にめねじ穴を加工し，ボルトをねじ込ませ，締結する．（b）の六角穴付きボルトは，ボルトの頭部がほかの部品と干渉しないようにするときなどに用いられる．締結部材に頭部直径よりもやや大きい穴を加工して，頭部が部材から出ないようにしている．ボルトの締結には六角棒スパナを用いる．（c）の植込みボルトでは，ボルト両端におねじが加工されている．植込み側を本体にねじ込み，もう一方に部品等を取り付けてナットで締結する．通しボルトが使用できないときなどに植込みボルトが使用されている．（d）のアイボルトは，重量物の搬送のためによく利用される．アイボルトを重量物に取り付け，フックやワイヤーなどをアイボルトの頭部のリングに通し，重量物を持ち上げる．（e）は六角形状をした六角ナットで，広く利用されている．（f）は締結したときにおねじのねじ山の先端を隠す袋状の形状が加工されている六角袋ナット，（g）は蝶の羽のような形状を持ったちょうナットで，手で締付けや取外しをする場合に利用される．（h）は軸受の締結などに利用される丸ナットでベアリングナットとも呼ばれ，ナットの円周部に溝が加工されている．

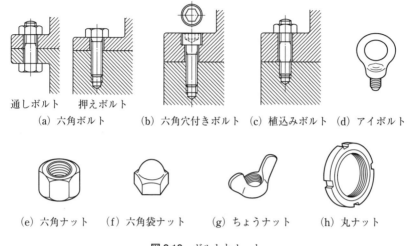

通しボルト　押えボルト
(a) 六角ボルト　　　(b) 六角穴付きボルト　(c) 植込みボルト　(d) アイボルト

(e) 六角ナット　　(f) 六角袋ナット　　(g) ちょうナット　　　(h) 丸ナット

図 2.12　ボルトとナット

2.4.2　ねじの緩み止めと座金

　締結用ボルトとナットは，適当なトルクで締めれば，互いのねじ面に圧力が働き，摩擦によって，自然には緩まないようになっている．しかし，振動や衝撃などが締結部に作用すると，ねじ接触面圧力が小さくなることに起因して摩擦力が減り，ねじが緩む場合がある．したがって，ねじの緩みを防止するには，ねじ接触面圧力を維持するように，ばね座金でつねに圧力を加えるとか，ボルトとナットの相対的な運動が起こらないように，両者をピン止めにするような方法がとられている．また，使用中にナットが左回りの力を受けているところに，右ねじのナットを使うと自然に緩む傾向があるので，そのような場合には，左ねじを用いて緩むことを防ぐようにする．

　図 2.13 に示す止めナットによる方法は，2 個のナットを使って互いに締め付け，ナット相互が押し合うようにし，つねにねじ面に圧力が加わっている状態にしておくものである．ボルトに働く荷重は上側のナット A が受け持ち，緩み止めに用いられる下側のナット B は少し薄いものを用いる．このナットB を**止めナット**（lock nut）という．

　図 2.14 のように，2 個のナットにテーパ形状を加工して，くさび効果の利用によるねじの緩み止め機構も開発されている．下ナットを通常通りに締め付

けし，その後，上ナットを適正なトルクで締め付ける．そうすることで，図
2.13 に示した通常の 2 個のナットのねじ山のかみあいとくさび効果により，ね
じに加わる振動や衝撃に対して初期締結力を維持するとともに，ねじの緩み止
め防止を達成している．

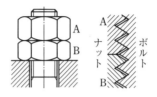

図 2.13　2 つのナットを利用したねじの緩み止め

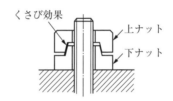

図 2.14　くさび効果を利用したねじの緩み止め

　図 2.15 に示すような**座金**（washer）は，ボルトやナットと座面との間にはさみ使用される．緩み止めとして用いられる座金には，ばね座金，皿ばね座金，歯付き座金や軸受用座金などがある．ばね座金や皿ばね座金は，コイル状になっており，主に座金自体の弾性変形を利用してねじ接触面圧力を高め，ねじの緩み止めとして用いられている．歯付き座金は，座金の内周や外周にねじられた多数の歯があるもので，締結による力で，ねじ座面に座金を食い込ませる

（a）ばね座金　　　（b）皿ばね座金　　　　　　　（c）歯付き座金

図 2.15　座　　金

ことにより，ねじの回り止めとして用いられている．転がり軸受用座金は，ベアリングナットとともに用いられる．座金の内周には一枚の歯があり，外周には複数の歯がある．内周の歯を軸に切った溝にはめ，外周の歯のいずれかをベアリングナットの溝に折り込んではめて緩みを防止する．

[例題 2.8]

図2.16 はエレベータのかごをつり下げているロープの固定部で，ロープはボルトと連結されている．そのボルトには，エレベータの昇降の際に生じるロープの振動や衝撃を緩和させるばね，図2.13 に示した2つのナットを利用したねじ止め，そして，ばね側とは反対のボルト端部に割りピンが取り付けられている．なぜこのような構造になっているかを，ねじの緩み止めの観点から考察せよ．

図2.16　エレベータのかごを支えるロープ固定部

[解]

エレベータの昇降によってロープに変動荷重や振動が作用し，そのロープを支えるねじは緩みやすい状態となる．その緩み止めの方法として，2つのナットを利用してねじが緩むのを防止している．さらに，もし，ねじが緩んでも，ナットがボルトから外れてロープを支えるボルトが落下しないように，ボルトに割りピンを差し込んで，ボルトとナットが外れないような安全対策も工夫されている．

演習問題

【2.1】 ピッチが 4 mm の三条ねじのリードを求めよ.

【2.2】 三角ねじである一般用メートルねじ並目 M20 の効率を求めよ. ただし, 角ねじでの摩擦係数を 0.1 とする.

【2.3】 ボールねじの案内面の摩擦係数は転がり接触であるため非常に小さい. ねじ案内面の摩擦係数を 0.003, ねじの軸径 (ボール中心径をねじの有効径とする) d_p = 33 mm, リード l = 10 mm として, ボールねじの効率を求めよ.

【2.4】 ねじを使用したジャッキを製作するとき, ピッチとねじの大きさが同じである角ねじと三角ねじでは, どちらのねじが効率がよいかを答えよ. ただし, それぞれのねじの摩擦角は [**例題 2.2**] を参考にせよ.

【2.5】 ねじ材料の許容引張応力が 56 MPa である一般用メートルねじ並目 M14 を用いて 2 枚のフランジを締め付けるとき, フランジに加えることができる軸方向の最大締結力を求めよ.

【2.6】 ターンバックルの両端に 8 kN の最大引張荷重が加わるとき, ねじの直径とねじ部の長さを求めよ. ただし, ねじの材料の許容引張応力を 50 MPa, 許容面圧を 12 MPa とする.

【2.7】 天井に荷物をつり下げる冶具を M10 のボルト 4 本を用いて, 締付けトルク 500 N·mm で固定した. 冶具がつり下げることができる最大質量 m 〔kg〕を求めよ. ただし, ボルト材料の許容引張応力は 20 MPa とする. ねじ面の摩擦係数は 0.2, ボルト座面の摩擦係数は 0.1 とする.

【2.8】 図 2.7 のような圧力容器のフランジ部 (厚さ l = 2t = 40 mm) を M12 のボルトとナットで初期締結力 3.0 kN で締め付けた. 圧力容器内の流体によってフランジ部を引き離すように 4.0 kN の外力が作用している. ただし, ボルトのヤング率 E を 200 GPa, フランジ部のばね定数はボルトのばね定数の 3 倍とする. また, ねじの材料の許容引張応力を 50 MPa とする.

    (a) ボルトのばね定数を求めよ.

    (b) 外力が作用しているときのボルトに作用する軸荷重を求めよ.

（c）外力が作用しているときのフランジ部の締結力を求めよ．

（d）外力が作用しているときボルトに生じている応力は許容応力以下となっていることを確かめよ．

第3章　軸・軸継手

3.1　軸の種類

　図3.1のように**軸**（shaft）の分類は，主に，断面形状，作用そして軸線による3つの分類がある．

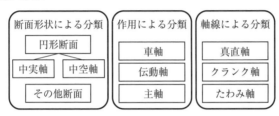

断面形状による分類	作用による分類	軸線による分類
円形断面　中実軸　中空軸　その他断面	車軸　伝動軸　主軸	真直軸　クランク軸　たわみ軸

図3.1　軸の種類

3.1.1　断面形状による分類

　軸の断面形状によって軸を分類すると，円形断面とその他に大別できる．円形断面には，その断面がむく状の**中実軸**（solid shaft）と管状の**中空軸**（hollow shaft）がある．その他断面には，正方形やI形の断面がある．また，クランクシャフトのように円形断面とその他断面が存在しているものもある．

3.1.2　作用による分類

　軸に作用する力と軸の働きによって，軸を3つに分類することができる．

（1）**車軸**（axle）は主として曲げ作用を受ける軸で，鉄道車両の軸などが該当する．機能としては，動力を伝達しないで，回転運動が主である．

（2）**伝動軸**（transmission shaft）は主としてねじり作用を受ける軸で，歯車やプーリなどを介して動力を伝達するために利用される．機能としては，モータなどの動力源から動力と回転を伝える．

（3）**主軸**（main shaft）は工作機械などではスピンドルとも呼ばれ，動力を伝えながら作業をする軸である．

3.1.3 軸線による分類

軸の回転軸の形態により分類すると，次のようになる．

(1) **真直軸**（direct shaft）はまっすぐな軸である．また，まっすぐではあるが，複数の直径を持つ段付き軸などもこれに属する．さらに，テーパ軸も含まれる．

(2) **クランク軸**（crank shaft）は回転運動を直線運動に変換したり，その逆の変換を行うために利用される．内燃機関のエンジンによく使われている軸である．

(3) **たわみ軸**（flexible shaft）はたわみ性を持たせた伝動軸で，軸の向きを自由に変えられる小型動力用の軸である．ねじり剛性はあるが，曲げ剛性を小さくし，軸芯の方向を容易に変えられるように工夫されている．

3.2 軸の強度と剛性

使用目的に応じて軸を設計する際に留意する点は，(a) 強度，(b) 応力集中，(c) 剛性，(d) 振動，(e) 使用環境に応じた材料の選択などが挙げられる．ここでは，軸の強度と剛性について述べる．軸の強度は，軸に作用する荷重や軸の断面形状と寸法を基に求めなければならない．軸に作用する荷重として，主に次のようなものがある．

表3.1 軸の直径　単位〔mm〕

4	10	19	35	60
4.5	11	20	35.5	63
5	11.2	22	38	65
5.6	12	22.4	40	70
6	12.5	24	42	71
6.3	14	25	45	75
7	15	28	48	80
7.1	16	30	50	85
8	17	31.5	55	90
9	18	32	56	95

(出典：JIS B 0901：1977)

(1) ねじりを受ける場合

(2) 曲げを受ける場合

(3) ねじりと曲げを同時に受ける場合

さらに，伝動軸の直径を選定する場合，軸の強度とともに軸のねじり変形について考慮する場合もある．

軸の直径はその使用条件から求めるが，その求めた直径に基づいてJISで定められた軸の直径を**表3.1**中から選定する．

3.2.1 軸のトルクと動力

図 3.2 のような**ねじりトルク** T 〔N・mm〕
が加わり，**角速度** ω 〔rad/s〕で回転してい
る直径 d 〔mm〕の軸を考える．軸の接線方
向力 F 〔N〕によって点 A から点 A′ まで回
転角 θ 〔rad〕だけねじるときに要する**仕事**
W 〔J〕は，

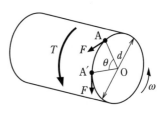

図 3.2 軸の回転と動力

$$W = F \,\frac{d}{2}\, \theta \,\frac{1}{1\,000} = \frac{T\theta}{1\,000} \tag{3.1}$$

である．また，点 A から点 A′ までの移動時間を t 〔s〕，**回転速度**を n 〔rpm〕
とすると，

$$\omega = \frac{\theta}{t} = \frac{2\pi n}{60} \tag{3.2}$$

である．軸の伝える**動力** P 〔W〕は，

$$P = \frac{W}{t} = \frac{T\theta}{1\,000\,t} = T\,\frac{2\pi n}{60\,000} = 104.7 \times 10^{-6}\,Tn \tag{3.3}$$

となり，伝達動力 P は回転速度 n とねじりトルク T に比例することがわかる．
また，トルク T 〔N・mm〕は，

$$T = \frac{60\,000}{2\pi n}\,P = 9.55 \times 10^{3}\,\frac{P}{n} \tag{3.4}$$

となり，トルク T は伝達動力 P に比例し，回転速度 n に反比例する．
なお，ねじりトルク T の単位を〔N・m〕，直径 d の単位を〔m〕とすると，
式 (3.1)，(3.3)，(3.4) はそれぞれ式 (3.1)′，(3.3)′，(3.4)′ となる．

$$W = F\,\frac{d}{2}\,\theta = T\theta \tag{3.1}′$$

$$P = \frac{W}{t} = \frac{T\theta}{t} = T\,\frac{2\pi n}{60} = 104.7 \times 10^{-3}\,Tn \tag{3.3}′$$

$$T = \frac{60}{2\pi n}\,P = 9.55 \times \frac{P}{n} \tag{3.4}′$$

［例題 3.1］

　12 kW の動力を回転速度 600 rpm で伝達している軸の受けているねじり
トルクを求めよ.

[解]

　式（3.4）から

$$T = 9.55 \times 10^3 \, \frac{P}{n} = 9.55 \times 10^3 \times \frac{12 \times 10^3}{600} = 191 \times 10^3 \, \text{N·mm}$$

3.2.2　ねじりを受ける軸

（a）中実軸

　P〔W〕の動力を回転速度 n〔rpm〕でねじり
トルク T〔N·mm〕を伝達するとき，図 3.3 に
示す軸の直径 d〔mm〕の中実軸に生じるねじ
り応力 τ〔MPa〕は，軸の**極断面係数** Z_p〔mm³〕
を用いると，

$$\tau = \frac{T}{Z_p} \tag{3.5}$$

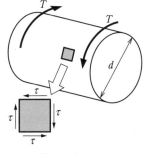

図 3.3　軸のねじり

で与えられる. 式（3.4）と中実軸の場合 $Z_p = \dfrac{\pi}{16} d^3$ であるから，

$$\tau = T \, \frac{16}{\pi d^3} = 9.55 \times 10^3 \, \frac{P}{n} \cdot \frac{16}{\pi d^3} = 48.6 \times 10^3 \, \frac{P}{d^3 n} \tag{3.6}$$

となる. 軸の強度は，軸の材料の許容ねじり応力 τ_{al}〔MPa〕によって決まる
から，τ_{al} を用いて軸の直径 d を求める式を導くと次式となる.

$$d = \sqrt[3]{\frac{16T}{\pi \tau_{al}}} = \sqrt[3]{\frac{16}{\pi \tau_{al}} \times 9.55 \times 10^3 \, \frac{P}{n}} \approx 36.5 \sqrt[3]{\frac{P}{\tau_{al} n}} \tag{3.7}$$

　式（3.7）から，軸の直径は伝達動力が大きいものほど太くする必要がある.
また，同じ動力を伝達する場合には，回転速度が低い軸ほどその直径を太くす
る必要がある. なお，実際に軸の直径を決定するには，式（3.7）による計算

値を基にして，表3.1から選択する．

[例題 3.2]
　5.0 kW の動力を回転速度 1 000 rpm で伝達する軸の直径を求めよ．ただし，軸の材料の許容ねじり応力は 30 MPa とする．

[解]

　式 (3.7) から $d = 36.5 \sqrt[3]{\dfrac{P}{\tau_{al}n}} = 36.5 \sqrt[3]{\dfrac{5.0 \times 10^3}{30 \times 1\,000}} \approx 20.1$ mm

表3.1から20.1 mm より大きく，かつ20.1 mm に一番近い値を選ぶと，軸の直径は22 mm となる．

(b) 中空軸

　中空軸の外径を d_2，内径を d_1，軸の材料の許容ねじり応力を τ_{al} とする．中空軸の極断面係数 Z_p は $Z_p = \dfrac{\pi}{16}\left[\dfrac{d_2^4 - d_1^4}{d_2}\right]$ で与えられる．したがって，中実軸と同様にねじりトルクと許容ねじり応力の関係は，

$$T = \tau_{al}\,\frac{\pi}{16}\left[\frac{d_2^4 - d_1^4}{d_2}\right] = \tau_{al}\,\frac{\pi}{16}\,d_2^3\left(1 - \frac{d_1^4}{d_2^4}\right) = \tau_{al}\,\frac{\pi}{16}\,d_2^3(1 - k^4) \tag{3.8}$$

となる．ただし，$k = \dfrac{d_1}{d_2}$ である．式 (3.4) と上式から，動力と許容ねじり応力から軸の直径を与える式は，

$$d_2 \approx 36.5 \sqrt[3]{\frac{P}{\tau_{al}n\,(1 - k^4)}} \tag{3.9}$$

となる．

3.2.3 曲げを受ける軸

(a) 中実軸

　軸を円形断面を持つはりと仮定して，許容曲げ応力 σ_{al} から軸の直径を与える式を導く．**図3.4**のように軸に生じる曲げ応力 σ は曲げモーメント M と断

面係数 Z を用いると，

$$\sigma = \frac{M}{Z} \qquad (3.10)$$

で与えられるから，許容曲げ応力 σ_{al} と，直

径 d の中実軸では $Z = \frac{\pi}{32} d^3$ を用いて，

$$M = \sigma_{al} \frac{\pi}{32} d^3 \qquad (3.11)$$

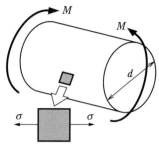

図 3.4　軸の曲げ

となる．したがって，

$$d = \sqrt[3]{\frac{32M}{\sigma_{al}\pi}} \approx \sqrt[3]{\frac{10M}{\sigma_{al}}} \qquad (3.12)$$

となる．

(b) 中空軸

中空軸の外径を d_2，内径を d_1，軸の材料の許容曲げ応力を σ_{al} とする．中空

軸の断面係数 Z は $Z = \frac{\pi}{32}\left[\dfrac{d_2^4 - d_1^4}{d_2}\right]$ で与えられる．したがって，許容曲げ

応力 σ_{al} から軸の外径 d_2 を与える式は，中実軸と同じ考えで，次式で与えられ

る．

$$d_2 = \sqrt[3]{\frac{32M}{\sigma_{al}\pi(1-k^4)}} \approx \sqrt[3]{\frac{10M}{\sigma_{al}(1-k^4)}} \qquad (3.13)$$

ただし，$k = \dfrac{d_1}{d_2}$ である．

[例題 3.3]

中空軸の外径を d_2，内径を d_1，そして $k = \dfrac{d_1}{d_2}$ とするとき，この中空

軸と等しい曲げ強さを持つ中実軸の直径 d を与える式は，

$$d = d_2\sqrt[3]{1-k^4}$$

となることを示せ．

[解]

式 (3.12) と式 (3.13) から比 $\dfrac{d}{d_2}$ を求めると,

$$\frac{d}{d_2} = \frac{\sqrt[3]{\dfrac{32M}{\sigma_{al}\pi}}}{\sqrt[3]{\dfrac{32M}{\sigma_{al}\pi(1-k^4)}}} = \sqrt[3]{1-k^4}$$

になる. したがって, $d = d_2\sqrt[3]{1-k^4}$ である.

3.2.4 ねじりと曲げを同時に受ける軸

軸にねじりモーメント T と曲げモーメント M とが同時に働くときは, ねじりモーメントだけを受ける場合と等しい効果を与えるような相当ねじりモーメント T_e, または, 曲げモーメントだけを受ける場合と等しい効果を与えるような相当曲げモーメント M_e を用いて軸の直径を決定する.

式 (3.7) からねじりモーメントを受ける軸の直径は次式で与えられる.

$$d = \sqrt[3]{\frac{16T}{\pi\tau_{al}}} \approx \sqrt[3]{\frac{5T}{\tau_{al}}} \tag{3.14}$$

したがって, 相当ねじりモーメント T_e が作用する軸の直径は次式となる.

$$d = \sqrt[3]{\frac{16T_e}{\pi\tau_{al}}} \approx \sqrt[3]{\frac{5T_e}{\tau_{al}}} \tag{3.15}$$

また, 相当曲げモーメント M_e が作用する軸の直径は式 (3.12) から

$$d = \sqrt[3]{\frac{32M_e}{\sigma_{al}\pi}} \approx \sqrt[3]{\frac{10M_e}{\sigma_{al}}} \tag{3.16}$$

となる. 式 (3.15) と式 (3.16) から, 別々に軸の直径を求め, その大きいほうの値を軸の直径として採用すればよい.

次に, 相当ねじりモーメント T_e と相当曲げモーメント M_e はモールの応力円を利用して導くことができる. 図 3.5 に示すねじりと曲げを同時に受ける軸に曲げ応力 σ とねじり応力 τ が生じているとき, 最大主応力 σ_1 と最大主せん断応力 τ_1 (単に最大せん断応力 τ_{max} ともいう) は, それぞれ

$$\sigma_1 = \frac{1}{2}\sigma + \sqrt{\frac{1}{4}\sigma^2 + \tau^2} \ \text{と} \ \tau_1 = \sqrt{\frac{1}{4}\sigma^2 + \tau^2}$$

で表すことができる．さらに，軸の断面が円形である場合には $Z_p = 2Z$ である．したがって，式 (3.5) と式 (3.10) を利用すると，T と M から T_e と M_e を求めるための式は以下のようになる．

$$T_e = \tau_1 Z_p = \sqrt{T^2 + M^2} \tag{3.17}$$

$$M_e = \sigma_1 Z = \frac{M + \sqrt{T^2 + M^2}}{2} = \frac{M + T_e}{2} \tag{3.18}$$

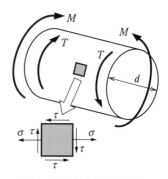

図 3.5　ねじりと曲げを同時に受ける軸

[例題 3.4]

図 3.6 のように，長さ l = 500 mm の円形断面軸の一端が固定され，反対側の端に腕の長さ r = 300 mm のレバーが取り付けられている．そのレバーの先端に荷重 F = 4 000 N がレバーの軸線に対して垂直に作用するときの円形断面軸の直径を求めよ．ただし，軸材料の許容曲げ応力を 40 MPa，許容ねじり応力を 30 MPa とする．

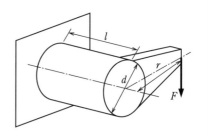

図 3.6　レバーによる軸のねじり

[解]

ねじりモーメント $T = Fr = 4 000 \times 300 = 1.2 \times 10^6$ N・mm，最大曲げモーメント $M = Fl = 4 000 \times 500 = 2.0 \times 10^6$ N・mm であるから，式 (3.17) から，相当ねじりモーメント T_e は，

$$T_e = \sqrt{T^2 + M^2} = \sqrt{1.2^2 + 2.0^2} \times 10^6 = 2.33 \times 10^6 \ \text{N・mm}$$

式 (3.18) から，相当曲げモーメント M_e は，

$$M_e = \frac{M + T_e}{2} = \frac{2.0 + 2.33}{2} \times 10^6 = 2.17 \times 10^6 \ \text{N・mm}$$

式 (3.15) から,

$$d = \sqrt[3]{\frac{5T_e}{\tau_{al}}} = \sqrt[3]{\frac{5 \times 2.33 \times 10^6}{30}} = 73.0 \text{ mm}$$

式 (3.16) から,

$$d = \sqrt[3]{\frac{10M_e}{\sigma_{al}}} = \sqrt[3]{\frac{10 \times 2.17 \times 10^6}{40}} = 81.6 \text{ mm}$$

したがって,大きいほうの値を採用し,表 3.1 から軸径は 85 mm と決定できる.

3.2.5 軸の剛性

図 3.7 のように長さが l で,直径が d である軸の一端を固定し,それとは逆の軸端にねじりモーメント T が作用しているとき,その軸端の**ねじれ角** θ 〔rad〕は

$$\theta = \frac{2\tau l}{dG} \qquad (3.19)$$

図 3.7 軸の剛性

である.ここで,τ はねじり応力,G は横弾性係数である.式 (3.19) に式 (3.6) の $\tau = \dfrac{16T}{\pi d^3}$ を代入すると,

$$\theta = \frac{2l}{dG} \cdot \frac{16T}{\pi d^3} = \frac{32Tl}{\pi d^4 G} = \frac{Tl}{GI_p} \quad \text{〔rad〕} \qquad (3.20)$$

となる.ここで,$I_p = \dfrac{\pi d^4}{32}$ は円形断面軸の**断面二次極モーメント**である.

式 (3.20) から,T と l が一定の場合 GI_p が大きいほど θ は小さくなり,軸はねじれにくいことがわかる.この GI_p を軸の**ねじり剛性(ねじりこわさ)** という.

式 (3.4) を用いて,ねじれ角 θ〔rad〕と動力 P〔W〕および回転速度 n〔rpm〕の関係を導くと,

$$\theta = 9.55 \times 10^3 \, \frac{Pl}{nGI_p} \quad \text{[rad]} \tag{3.21}$$

となる.

[例題 3.5]

　式 (3.20) と式 (3.21) ではねじれ角 θ を弧度法で示したが，実用的には度数法〔deg または °〕で表示したほうが設計上便利な場合もある．それぞれの式を度数法で示せ．

[解]

　式 (3.20) は，$\theta = \dfrac{180Tl}{\pi GI_p} = 57.3 \times \dfrac{Tl}{GI_p}$ 〔°〕となる.

　式 (3.21) は，$\theta = \dfrac{180}{\pi} \times 9.55 \times 10^3 \, \dfrac{Pl}{nGI_p} = 547 \times 10^3 \, \dfrac{Pl}{nGI_p}$ 〔°〕となる.

[例題 3.6]

　円形断面の伝動軸では，軸の長さ 1 m 当たりのねじれ角の限度を $\dfrac{1}{4}^{\circ}$ とするのが標準である．**[例題 3.5]** の結果を利用して，そのねじれ角の限度での伝動軸の直径 d を求める式を導け．

[解]

　$\dfrac{1}{4} = 547 \times 10^3 \times \dfrac{1\,000P}{nG} \times \dfrac{32}{\pi d^4}$ であるので，

　$d = \sqrt[4]{\dfrac{2.23 \times 10^{10}P}{nG}} = 386 \sqrt[4]{\dfrac{P}{nG}}$ 〔mm〕となる.

[例題 3.7]

　30 kW の動力を回転速度 150 rpm で伝える伝動軸の直径を，ねじり応力とねじり剛性の 2 つの条件を満たすように決定せよ．ただし，軸材料の許容ねじり応力を 20 MPa，$G = 79.4$ GPa とする．また，ねじれ角は 1 m 当たり $\dfrac{1}{4}^{\circ}$ 以内に抑えることとする．

[解]

　式（3.7）のねじりを受ける軸の強度から直径を計算すると

$$d = 36.5 \sqrt[3]{\frac{P}{\tau_{al}\, n}} = 36.5 \times \sqrt[3]{\frac{30 \times 1\,000}{20 \times 150}} = 78.6 \text{ mm}$$

　次に，[例題 3.6] で導いたねじり剛性から直径を計算すると

$$d = 386 \sqrt[4]{\frac{P}{nG}} = 386 \times \sqrt[4]{\frac{30 \times 1\,000}{150 \times 79.4 \times 10^{3}}} = 86.5 \text{ mm}$$

したがって，大きいほうの値を採用し，表 3.1 から軸径は 90 mm と決定できる．

3.3　危険速度

　回転軸では，軸の製作に関する誤差の存在，材料の不均質のために軸の重心と回転中心とが一致しないこと，そして軸のたわみが必ずある．そのため，軸の回転速度を上げていくと遠心力の作用によりたわみが大きくなる．軸の回転速度が軸の回転軸系の固有振動数付近になると共振を起こし，たわみが大きくなって，激しく振動し，軸や軸受が破損することもある．軸を破損させるような危険な状態になる回転速度のことをその軸の**危険速度**（critical speed）という．

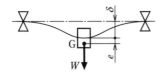
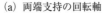
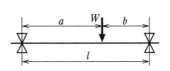

(a) 両端支持の回転軸　　　　　(b) 両端支持のはり

図 3.8　軸の危険速度

　図3.8のような両端支持の回転軸で，荷重 $W = mg$（m：質量，g：重力加速度）によるたわみを δ，重心 G のずれを e，軸の角速度を ω〔rad/s〕，軸のばね定数を k とすると，遠心力と軸に生じる弾性力がつりあうため，次式が成り立つ．

$$m(\delta + e)\omega^2 = k\delta \tag{3.22}$$

したがって，

$$\delta = \frac{e\omega^2}{\dfrac{k}{m} - \omega^2} = \frac{e\omega^2}{\omega_n^2 - \omega^2} = e\,\frac{\left[\dfrac{\omega}{\omega_n}\right]^2}{1 - \left[\dfrac{\omega}{\omega_n}\right]^2} \tag{3.23}$$

ただし，$\omega_n = \sqrt{\dfrac{k}{m}}$〔rad/s〕は軸が振動するときの固有角振動数である．

　$\dfrac{\omega}{\omega_n} = 1$ のとき，たわみ δ は無限大になる．したがって，危険速度 N_C〔rpm〕は，次式となる．

$$N_C = \frac{60}{2\pi}\sqrt{\frac{k}{m}} \approx 9.55\sqrt{\frac{k}{m}} \tag{3.24}$$

両端支持はりの場合のばね定数 k は

$$k = \frac{CEI}{l^3} \tag{3.25}$$

$$C = \frac{3l^4}{a^2 b^2},\ (a + b = l) \tag{3.26}$$

で与えられる．ただし，E は縦弾性係数，I は断面二次モーメント，l は，はりの支持間距離で，a と b は支持端から円板までの距離である．両端支持はりの中央に円盤がある場合（$a = b = 0.5l$）には，$k = \dfrac{48 \times EI}{l^3}$ となる．また，軸径 d の円形断面軸の場合，$I = \dfrac{\pi}{64}\,d^4$ である．

　回転機器の高速化と軽量化に伴い，同じ動力を伝える場合，回転速度が速ければそれに逆比例して伝達トルクは小さくなるため，軸径はそれだけ細くでき

る．その反面，軸のばね定数は小さくなり，危険速度が低下するため，軸が激しく振動する現象が起こりやすくなってきている．

[例題 3.8]

　両端が軸受で支持されている，長さ 1.6 m，直径 80 mm の中実軸の中央に，質量 150 kg の円板が取り付けられている．この軸の危険速度を求めよ．ただし，軸自身の質量は無視できるとし，軸の縦弾性係数を 200 GPa とする．

[解]

　円板は軸の中央に取り付けられているので，式（3.26）から $C = 48$ となる．したがって，式（3.25）から，ばね定数は，

$$k = \frac{CEI}{l^3} = \frac{CE}{l^3} \cdot \frac{\pi}{64} d^4 = \frac{48 \times 200 \times 10^9}{1.6 \times 1.6 \times 1.6} \times \frac{\pi}{64} \times (80 \times 10^{-3})^4$$

$$= 4.71 \times 10^6 \quad \text{N/m}$$

式（3.14）から，危険速度は

$$N_C = 9.55 \sqrt{\frac{k}{m}} = 9.55 \times \sqrt{\frac{4.71 \times 10^6}{150}} = 1\,692 \approx 1\,700 \text{ rpm}$$

3.4　キー，スプラインとセレーション

3.4.1　キー

　軸に軸継手やプーリなどの回転部品を取り付け，トルクや回転を確実に伝えたいときに用いる方法の一つに**キー**（key）がある．キーの材料には炭素鋼などを用いるが，軸材料より少し硬い材料を用いる．キーには様々な種類があり，キーの特徴と使用条件を考慮して選定される．**図 3.9** にキーの種類と特徴を示す．

　キーおよびキー溝の寸法は，軸の直径に応じて**表 3.2** に示す JIS で決められている．一般的に，キーの長さはハブの長さに等しくするが，ハブの長さが軸径よりも短い場合，あるいはキーに大きな荷重が加わる場合には，キーに生じる応力がキー材料の許容応力以下になるように寸法を決定する．

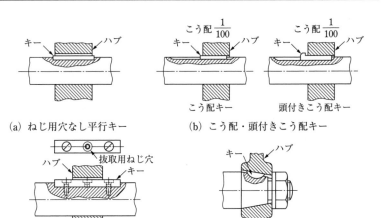

(a) ねじ用穴なし平行キー　　　　　(b) こう配・頭付きこう配キー

(c) ねじ用穴付き平行キー　　　　　　(d) 半月キー

図 3.9　キーの種類

表 3.2 平行キーのキーおよびキー溝の寸法（一部）

平行キー　　頭なしこう配キー　　　頭付きこう配キー　　キー溝

$S_1 = b$ の公差 $\times \dfrac{1}{2}$　　$S_2 = h$ の公差 $\times \dfrac{1}{2}$

こう配 1/100

$h_2 = h$
$f = h$
$e \fallingdotseq b$

主要寸法　　　　　　　　　　　　単位〔mm〕

キーの呼び寸法 $b \times h$	h の基準寸法 平行キー	h の基準寸法 こう配キー	h_1	$l^{①}$	t_1 の基準寸法	t_2 の基準寸法 平行キー	t_2 の基準寸法 こう配キー	参考 適応する軸径 $d^{②}$
2×2	2		–	6～20*	1.2	1.0	0.5	6～ 8
3×3	3		–	6～ 36	1.8	1.4	0.9	8～10
4×4	4		7	8～ 45	2.5	1.8	1.2	10～12
5×5	5		8	10～ 56	3.0	2.3	1.7	12～17
6×6	6		10	14～ 70	3.5	2.8	2.2	17～22
(7×7)	7	7.2	10	16～ 80	4.0	3.3	3.0	20～25
8×7	7		11	18～ 90	4.0	3.3	2.4	22～30
10×8	8		12	22～110	5.0	3.3	2.4	30～38
12×8	8		12	28～140	5.0	3.3	2.4	38～44
14×9	9		14	36～160	5.5	3.8	2.9	44～50
(15×10)	10	10.2	15	40～180	5.0	5.3	5.0	50～55
16×10	10		16	45～180	6.0	4.3	3.4	50～58
18×11	11		18	50～200	7.0	4.4	3.4	58～65
20×12	12		20	56～220	7.5	4.9	3.9	65～75
22×14	14		22	63～250	9.0	5.4	4.4	75～85
(24×16)	16	16.2	24	70～280	8.0	8.4	8.0	80～90
25×14	14		22	70～280	9.0	5.4	4.4	85～95
28×16	16		25	80～320	10.0	6.4	5.4	95～110

注. 以下 $b \times h = 100 \times 50$ まで規定されている．ただし，（ ）をつけた呼び寸法のものはなるべく使用しない．
① l は表の範囲内で次のなかから選ぶ．6，8，10，12，14，16，18，20，22，25，28，32，36，40，45，50，56，63，70，80，90，100，110，125，140，160，180，200，220，250，280，320，360，400．＊こう配キーは6～30．
② 参考として示した適応する軸径は，一般の用途の目安を示したにすぎないものであって，キーの選択にあたっては，軸のトルクに対応してキーの寸法および材料を決めるのがよい．なお，キーの材料の引張強さは原則として 600MPa 以上とする．
（出典：JIS B 1301：1996 より抜粋）

図 3.10 に示すような軸とハブをキーで締結する場合，キーにはせん断力，キー溝側面には圧縮力が作用する．いま，軸径を d，キーの幅を b，高さを h，

長さを l, せん断応力を τ とすると, キーに作用

するせん断荷重 W とトルク T は次式で与えられる.

$$W = \tau bl \qquad (3.27)$$

$$T = W\frac{d}{2} \qquad (3.28)$$

したがって, キーに生じるせん断応力は,

$$\tau = \frac{W}{bl} = \frac{2T}{dbl} \qquad (3.29)$$

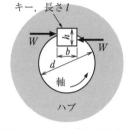

図 3.10　キーに作用する力

である. このせん断応力 τ がキー材料の許容せん断応力よりも小さい値でなけ

ればならない.

　また, キーの側面には圧縮荷重が作用するので, 圧縮応力を σ_c 〔MPa〕とす

ると, キーの側面に作用する荷重 W 〔N〕は,

$$W = \sigma_c \frac{h}{2} l \qquad (3.30)$$

となるから, 圧縮応力 σ_c は

$$\sigma_c = \frac{2W}{hl} = \frac{4T}{dhl} \qquad (3.31)$$

となる.

[例題 3.9]

　直径 46 mm の軸に, 幅 14 mm, 長さ 70 mm のキーで固定されている

直径 420 mm のプーリが, ベルトに 2.5 kN の力を伝えている. このとき,

キーに生じるせん断応力が, キー材料の許容せん断応力 30 MPa 以下に

なっていることを示せ.

[解]

　プーリに作用するトルクは, $T = 2.5 \times 10^3 \times \dfrac{420}{2} = 525 \times 10^3$ N・mm で

あるから, 式 (3.29) より

$$\tau = \frac{2T}{dbl} = \frac{2 \times 525 \times 10^3}{46 \times 14 \times 70} = 23.3 \,\text{MPa}$$

であるから，許容せん断応力以下となっている．

3.4.2　スプラインとセレーション

（1）　スプライン

　スプライン（spline）は，外側に等間隔に並んだ
多数のキー状の歯を持つ軸である（**図3.11**）．スプ
ラインとはまりあう溝がハブの側にある．多数の歯
でトルク動力を伝達するので，キーよりも大きい動

図3.11　スプライン

力の伝達ができる．また，ハブを軸に固定するだけでなく，軸方向に滑らすこ
ともできるので，工作機械・自動車・航空機などに広く用いられている．スプ
ラインには，歯の断面が長方形の角形スプラインとインボリュート歯形のイン
ボリュートスプラインがある．インボリュートスプラインには自動調心作用が
あり，角形スプラインよりも伝達力が大きい．

（2）　セレーション

　セレーション（serration）は，軸の回りにスプ
ラインよりも細かい山形の歯を等間隔に付けたも
ので，細い軸にハブを固定する場合などに用いる．
歯の形により，三角歯セレーション（**図3.12**）
とインボリュートセレーションがある．

図3.12　三角歯セレーション

3.4.3　ピン

　図3.13 に示す**ピン**（pin）は，ハンドルなどあまり大きな力の加わらない部
品の取付けや，分解や組立をする2つの部品の合わせ目の位置決めなどに用い
られる．用途によって，焼入れ処理をして強度を高める場合もある．

　（a）の**平行ピン**（parallel pin）は，鋼製の小径の丸棒でできている．JIS では，
呼び径 d 〔mm〕と長さ l 〔mm〕で大きさを表す．（b）の**テーパピン**（taper pin）
は，$\frac{1}{50}$ のテーパを持つものである．呼び径は，ピンの小端の直径である．

精密な位置決めやハブと軸の固定などに用いる．ピンの大端の部分にねじを
切ったものもある．(c) の**割りピン**（split pin）は，鋼製あるいは黄銅製で，
ナットの緩み止め，平行ピンなどの抜け止めに用いられる．

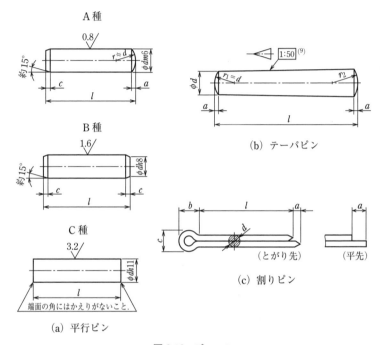

図 3.13　ピ　ン

3.4.4　フリクションジョイント

　図 3.14 に示す**フリクションジョイント**（friction joint）は，軸と歯車やプー
リなどの回転部品を摩擦力により固定するものである．軸や回転部品に締結の
ためのキー溝加工などを施す必要がなく，締結できるという特徴がある．締結
のための軸とボスの間の力は，圧力媒体（テーパリングやプラスチックなど）
を締め付けると，圧力媒体が半径方向に膨らんで軸とボス間に摩擦力が発生す
る．その摩擦力を利用した締結要素である．クランクピンボルトを締め付ける
と，リングが押されることで圧力媒体が半径方向に膨らんで軸とハブが固定さ
れる．ただし，締結のための適正な摩擦力を生じさせ，かつ維持させるために
は，フリクションジョイントのねじ締めのトルク管理が重要である．

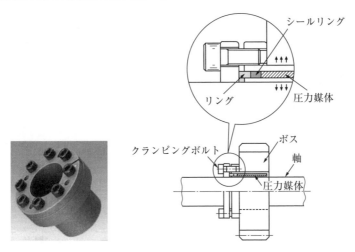

図 3.14 フリクションジョイント（出典：椿本チエインの HP（改））

3.5 軸継手

電動機で機械を動かす場合に使われるような，両方の軸を連結するものが**軸継手**（shaft coupling）である．軸継手には，軸径や伝達トルクの大きさ，二つの軸の軸線のずれの大きさなどから使用条件に適したものを選定する．**図3.15** に，固定軸継手とたわみ軸継手を示す．

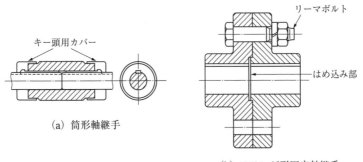

(a) 筒形軸継手

(b) フランジ形固定軸継手

Ⅰ．固定軸継手

図 3.15 軸継手

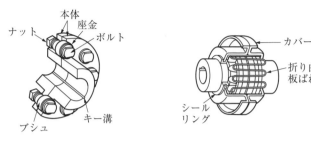

ナット ― 本体 ― 座金 ― ボルト
ブシュ ― キー溝

（a）フランジ形たわみ軸継手

カバー ― 折り曲げた板ばね ― シールリング

（b）金属ばね軸継手

星形ゴム軸継手
（圧縮形）

タイヤ形ゴム軸継手
（せん断形）

（c）ゴム軸継手

Ⅱ．たわみ軸継手

図 3.15 軸継手（続き）

3.5.1 軸継手の種類

（1） 固定軸継手

　固定軸継手（rigid shaft coupling）は，二つの軸線がよく一致しているときに用いられる軸継手である．小径用の筒形軸継手と大径用のフランジ形固定軸継手などがある．

（2） たわみ軸継手

　たわみ軸継手（flexible shaft coupling）は，二つの軸線を一致させにくい場合，わずかな軸線のずれがある場合，そして振動・衝撃を緩和したい場合などに用いる軸継手である．たわみ軸継手は固定軸継手に比べ，その種類が多い．締結部に歯車やローラチェーンを用いたもの，ゴムの弾性効果を利用したもの，ダイアフラム（薄肉円板）を利用したものなどがある．いずれも，両軸心の不一致を吸収することで，滑らかに動力を伝達する工夫がなされている．

（3） オルダム継手

　図 3.16 に示す**オルダム継手**（Oldham's shaft coupling）は，原動軸と従動軸が平行に大きくずれている場合に利用される．原動軸と従動軸の間にキーとキー溝を持つ中間部品を介して回転と動力を伝える．

（4）　自在継手

　図 3.16 に示す**自在継手**（universal coupling, universal joint）は，二つの軸がある角度で交差する場合の軸継手で，自動車などに用いられる．図 3.16（a）のように，軸①が回転すると十字型のリンクを経て軸②が回転する．図 3.16（b）は，自在継手の軸の傾斜角が α のときの原動軸と従動軸の角速度比を示したものである．原動軸の回転速度を一定にしても，従動軸の回転速度が変化するから，角速度比の大きな変動を避けるために，傾斜角 α は 30° 以下にする．なお，軸①と軸②の間に中間軸③を入れ，①と③，③と②のなす角度が等しくなるようにすれば，従動軸②の角速度は一定となる．

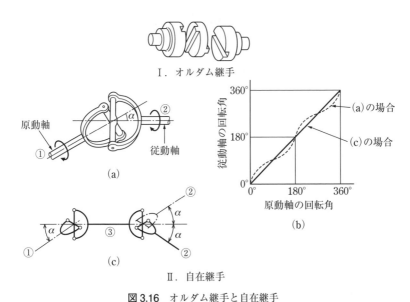

Ⅰ．オルダム継手

(a)

(b)

(c)

Ⅱ．自在継手

図 3.16　オルダム継手と自在継手

（5）等速ジョイント

　等速ジョイント（constant velocity joint）は，駆動軸と被駆動軸の間に角度があっても，速度差がなく等速状態で回転を伝えることができる軸継手で，**図**

3.17 のように自動車などのステアリング装置，タイヤとドライブシャフトの
間などに取り付けられている．駆動軸と被駆動軸の間は，複数の鋼球とガイド
で構成されており，互いの軸が交差できるような構造になっている．自在継手
では大きな傾斜角をとる場合には，回転を滑らかに伝えることができずに非等
速になる．それに対して，等速ジョイントでは傾斜角が大きくても，回転速度
を等しく伝えることができ，伝達効率が高く，トルクの変化が極めて小さいと
いう特徴もある．

図 3.17　等速ジョイント（出典：NTN の HP）

3.5.2　軸継手の設計

　軸継手の中で一般的なフランジ形たわみ軸継手を例として，その設計は次の
ようにする．フランジ形たわみ軸継手は伝達トルクと軸径が決まれば，**表 3.3**
によって各部の寸法が決まる．強度設計では，継手ボルトの強さとブシュに生
じる内周面圧を考慮する．

表3.3　フランジ形たわみ軸継手

$$12.5 \bigg/ \left(\frac{3.2}{\nabla} \right)$$

単位〔mm〕

継手外径 A	トルク $T^{(3)}$ [N·m]	D 最大軸穴直径 D_1	D_2	(参考) 最小軸穴直径	L	C C_1	C_2	B	F F_1	F_2	(1) n (個)	a	a_1	M	(2) t	参考 R_C (約)	R_A (約)
90	4.9	20		–	28	35.5		60	14		4	8	9	19	3	2	1
100	9.8	25		–	35.5	42.5		67	16		4	10	12	23	3	2	1
112	15.7	28		16	40	50		75	16		4	10	12	23	3	2	1
125	24.5	32	28	18	45	56	50	85	18		4	14	16	32	3	2	1
140	49	38	35	20	50	71	63	100	18		6	14	16	32	3	2	1
160	110	45		25	56	80		115	18		8	14	16	32	3	3	1
180	157	50		28	63	90		132	18		8	14	16	32	3	3	1
200	245	56		32	71	100		145	22.4		8	20	22.4	41	4	3	2
224	392	63		35	80	112		170	22.4		8	20	22.4	41	4	3	2
250	618	71		40	90	125		180	28		8	25	28	51	4	4	2
280	980	80		50	100	140		200	28	40	8	28	31.5	57	4	4	2
315	1 570	90		63	112	160		236	28	40	10	28	31.5	57	4	4	2
355	2 450	100		71	125	180		260	35.5	56	8	35.5	40	72	5	5	2
400	3 920	110		80	125	200		300	35.5	56	10	35.5	40	72	5	5	2
450	6 180	125		90	140	224		355	35.5	56	12	35.5	40	72	5	5	2
560	9 800	140		100	160	250		450	35.5	56	14	35.5	40	72	5	6	2
630	15 700	160		110	180	280		530	35.5	56	18	35.5	40	72	5	6	2

注. 1. n は，ブシュ穴またはボルト穴の数である．
　　2. t は，組み立てたときの継手本体のすきまであって，継手ボルトの座金の厚さに相当する．
　　3. トルク T は参考値である．

（出典：JIS B 1452：1991）

［例題 3.10］

　30 kW の動力を回転速度 640 rpm で伝達する鋼製軸に用いるフランジ形
たわみ軸継手の各部の寸法を決めよ．ただし，許容ねじり応力を 20 MPa
とする．

［解］

　許容ねじり応力から軸径 d を決めるために，式（3.7）を用いると

$$d = 36.5 \sqrt[3]{\frac{P}{\tau_{al}n}} = 36.5 \times \sqrt[3]{\frac{30\,000}{20 \times 640}} = 48.5\,\text{mm}$$

となり，表 3.1 から軸径は $d = 50\,\text{mm}$ となる．式（3.4）から伝達トルク T を
求めると，

$$T = 9.55 \times 10^3\,\frac{P}{n} = 9.55 \times 10^3 \times \frac{30\,000}{640} = 448 \times 10^3\,\text{N·mm}$$

したがって，JIS のフランジ形たわみ軸継手の規格から，軸径 50 mm で，トル
ク 448×10^3 N·mm を満たす継手を選ぶと，軸継手外径が 250 mm のフラン
ジ軸継手を選ばなければならない．

演習問題

【3.1】 15 kW の動力を回転速度 800 rpm で伝達する中実軸のねじりトルクと直径を求めよ. ただし, 許容ねじり応力を 40 MPa とする.

【3.2】 中実軸の直径を d, その断面積を A とし, 中空軸の外径を d_2, 内径を d_1, その断面積を A_1 とする. 中実軸と中空軸のねじり強さが等しいとき, $k = \dfrac{d_1}{d_2}$ (ただし, $k = 0.1 \sim 0.8$) を横軸にとり, k の変化に対する外径比 $\dfrac{d_2}{d}$ と面積比 $\dfrac{A_1}{A}$ の変化の様子をグラフに描け.

【3.3】 許容ねじり応力が 20 MPa の材料から製作した外径 60 mm, 内径 48 mm の中空軸を, 回転速度 800 rpm で運転するとき, 伝達できる動力を求めよ. また, 同じ動力を中実軸で伝達する場合, 中空軸と中実軸の断面積の比を求めよ.

【3.4】 外径 50 mm, 内径 40 mm の中空軸が 400 kN·mm の曲げモーメントを受け, 毎分 500 回転で 24 kW を伝達する必要がある. この軸に用いる材料に要求される許容曲げ応力と許容ねじり応力はどれくらいかを求めよ.

【3.5】 中実軸の片方は軸受で支持され, その軸受から 100 mm 離れた軸のもう片方には直径 250 mm のプーリが取り付けられている. そのプーリにはベルトが取り付けられており, ベルトの張り側の張力は 10 kN, 緩み側の張力は 2.0 kN である. このプーリ軸の直径を決定せよ. ただし, 軸材料の許容曲げ応力は 70 MPa, 許容ねじり応力は 42 MPa とする.

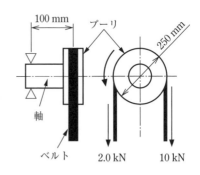

図 3.18 軸とプーリ

【3.6】 10 kW の動力を回転速度 300 rpm で伝達する外径 60 mm の中実軸の長さ 1 m 当たりのねじれ角を求めよ. ただし, 横弾性係数を 79.4 GPa と

する.

【3.7】両端支持された長さ 1 m の中実軸の中央に質量 20 kg の薄い円板を取り付けた回転軸を, 回転速度 900 rpm までは危険速度に到達しないようにしたい. そのときの軸の直径を求めよ. ただし, 回転軸のヤング率は 206 GPa とする.

第4章 軸　受

4.1 軸受の種類

　軸受（bearing）は，回転運動および動力を伝達する軸を支持する機械要素であり，その主な働きは，滑らかな回転を実現するため摩擦を小さくすることである．一般に，その接触状態により**すべり軸受**（sliding bearing）と**転がり軸受**（rolling bearing）に大別される．**表 4.1** に転がり軸受とすべり軸受の主な特徴の比較を示す．

　軸受は，荷重が加わる方向により，半径方向の荷重を支持する**ラジアル軸受**（radial bearing）（すべり軸受では**ジャーナル軸受**（journal bearing）と呼ばれることが多い）と軸方向の荷重を支持する**スラスト軸受**（thrust bearing）がある．

表 4.1　転がり軸受とすべり軸受の比較

	転がり軸受	すべり軸受
軸受寸法	転動体がある分，大きい	小さい
寿命	疲れにより寿命が限定	流体潤滑状態で運転されれば，理論上寿命は無限
摩擦	小さい	起動時の摩擦が大きい
振動・騒音	振動減衰能は低い	振動減衰能が高い
運転速度限界	高速では転動体の遠心力が問題	高速では温度上昇，油膜の乱流が問題
互換性	規格化されている	使用される機械に合わせて設計

表 4.2　すべり軸受の種類

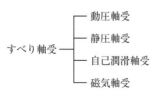

表 4.3　転がり軸受の種類

4.2 すべり軸受

すべり軸受は，軸と軸受の間に潤滑膜を形成して，軸と軸受の直接接触がない状態で回転させるものであり，軸と軸受の間の潤滑状態によって軸受の性能や特性が大きく変化する．すべり軸受の潤滑状態は，**図 4.1** に示す**ストライベック**（Stribeck）**線図**で評価される．図 4.1 の横軸は軸受特性数と呼ばれるパラメータで，潤滑油の絶対粘度 η，すべり速度 V（または，回転速度 n）と単位幅当たりの荷重 P_N（または，面圧 p）により与えられ，この値が大きいほど潤滑油膜が形成されやすい．潤滑状態は，以下の 3 種類に大別される．

① **境界潤滑**（boundary lubrication）　2 面間の金属間接触が生じており，摩擦係数の値が荷重，すべり速度や潤滑油粘度に依存しない潤滑状態

② **混合潤滑**（mixed lubrication）　境界潤滑と流体潤滑とが混在している潤滑状態

③ **流体潤滑**（fluid lubrication）　2 面間が流体膜によって完全に分離している潤滑状態

上記①〜③の潤滑状態のほかに，潤滑油を使用しないで，自己潤滑性や低摩擦性を有する MoS_2（二硫化モリブデン），WS_2（二硫化タングステン）や PTFE（ポリテトラフルオロエチレン）などの**固体潤滑剤**を用いて潤滑する場合もある．

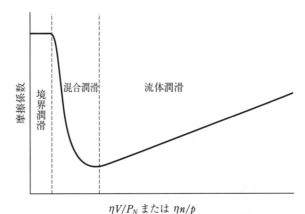

$$\eta V/P_N \text{ または } \eta n/p$$

図 4.1　ストライベック線図

4.2.1 流体潤滑の理論

特別な場合を除いて，すべり軸受は流体潤滑の状態，すなわち，軸と軸受の接触面間に潤滑油膜を介在させ，両接触面の直接接触を避けて摩擦を小さくする．この軸受特性は流体潤滑理論により評価できる．

(1) すべり軸受の摩擦

潤滑油をニュートン流体と仮定すると，潤滑油のすべり方向のせん断応力 τ は，すべり方向速度 v の膜厚方向のこう配 dv/dy に比例し，潤滑油の絶対粘度 η を用いて次式のように表される（図4.2）．

$$\tau = \eta \frac{dv}{dy} \tag{4.1}$$

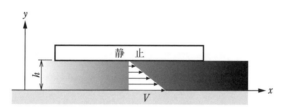

図4.2 流体の粘性摩擦

図4.3のような半径 r，半径すきま c，軸受幅 l のジャーナル軸受が，周速 V（回転速度を N とすると $V = 2\pi rN$）で回転しているとする．簡単のため，すきま c が軸受全周で一定で，すきま内の速度こう配を一定（$dv/dy = V/c$）とする．このとき，潤滑油のせん断応力は

$$\tau = \eta \frac{dv}{dy} = \eta \frac{V}{c} \tag{4.2}$$

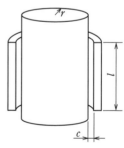

図4.3 ジャーナル軸受

である．したがって，トルク T は，軸外周の表面積を A（$= 2\pi rl$）とすると，次式のようになる．

$$T = (\tau A)\, r = \frac{2\pi r^2 l}{c}\, \eta V \tag{4.3}$$

　次に，軸受荷重 $P = 2rlp$（p：平均軸受圧力）として，軸受の摩擦係数 μ を表すと，**ペトロフの式**（Petroff's law）と呼ばれる次式が導き出される.

$$\mu = \frac{T/r}{P} = \left[\frac{\pi}{c}\right]\left[\frac{\eta V}{p}\right] \tag{4.4}$$

　式（4.4）では，摩擦係数 μ は軸受特性数 $\eta V/p$ に比例して増大することになり，図4.1 に示した流体潤滑領域での摩擦係数の傾向と一致する.

(2) 流体潤滑の基礎式

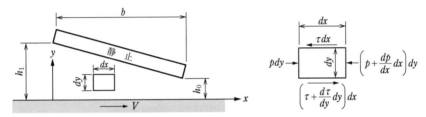

図4.4　傾斜平面軸受のくさび油膜

　すべり軸受の特性を理論的に求めるための基礎式には**レイノルズ方程式**（Reynolds' equation）が用いられる．**図4.4** に示すような**傾斜平面軸受**（inclined plane bearing）のくさび状の油膜を考える．2 面の片方は固定，他方は速度 V で運動している．油膜内の微小要素 $dxdy$ における力のつりあいを考えると

$$pdy + \left[\tau + \frac{d\tau}{dy}\,dy\right]dx = \left[p + \frac{dp}{dx}\,dx\right]dy + \tau dx \tag{4.5}$$

ニュートン流体を仮定した式（4.1）の関係を入れて整理すると，

$$\frac{dp}{dx} = \eta\,\frac{d^2 v}{dy^2} \tag{4.6}$$

式（4.6）を境界条件として，$y = 0$ で $v = V$，$y = h$ で $v = 0$ を考えて，y について積分すると

$$v = V\,\frac{h-y}{h} - \frac{1}{2\eta}\,\frac{dp}{dx}\,y\,(h-y) \tag{4.7}$$

となる．右辺第 1 項は面の移動によって生じる流体の流れであり，**クエット流れ**（Couette flow）と呼ばれる．また，第 2 項は圧力差によって生じる流体の流れであり，**ポアズイユ流れ**（Poiseuille flow）と呼ばれる．

次に，単位幅当たりの x 方向の流量 Q は，式（4.7）を積分して次式のようになる．

$$Q = \int_0^h v \, dy = \frac{V}{2} h - \frac{h^3}{12\eta} \frac{dp}{dx} \tag{4.8}$$

ここで，x 方向の流量 Q は一定であることから，$dQ/dx = 0$ の条件により式（4.8）は次のようになる．

$$\frac{d}{dx}\left[\frac{h^3}{\eta} \frac{dp}{dx}\right] = 6V \frac{dh}{dx} \tag{4.9}$$

この式が 1 次元流れの流体潤滑に関するレイノルズ方程式である．

(3) 傾斜平面軸受の油膜圧力

図 4.4 に示した傾斜平面軸受の特性を式（4.9）のレイノルズ方程式を解くことにより求める．軸受すきま h を図 4.4 に示したように，$x = 0$ で $h = h_1$，$x = b$ で $h = h_0$ とすると，$h = h_1 - \dfrac{h_1 - h_0}{b} x$ と表され，

$$dx = -\frac{b}{h_1 - h_0} dh \tag{4.10}$$

式（4.9）を積分して，式（4.10）の関係を用いると

$$\frac{h^3}{\eta} \frac{dp}{dx} = 6Vh + C_1 \quad (C_1：積分定数)$$

$$dp = -\frac{6\eta bV}{h_1 - h_0} \frac{1}{h^2} dh - \frac{C_1 \eta b}{h_1 - h_0} \frac{1}{h^3} dh \tag{4.11}$$

式（4.11）を積分して，

$$p = \frac{6\eta bV}{h_1 - h_0} \frac{1}{h} + \frac{1}{2} \frac{C_1 \eta b}{h_1 - h_0} \frac{1}{h^2} + C_2 \tag{4.12}$$

軸受の入口（$x = 0$）と出口（$x = b$）に相当するすきま $h = h_1$ および $h = h_0$ で $p = 0$ の条件で定数 C_1 と C_2 を求めると，

$$C_1 = -\frac{12Vh_1h_0}{h_1 + h_0}, \quad C_2 = -\frac{6\eta bV}{(h_1 - h_0)(h_1 + h_0)}$$

となる. 式 (4.12) に代入して, 整理すると

$$p = \frac{6\eta bV}{h_1^2 - h_0^2} \frac{(h - h_0)(h_1 - h)}{h^2} \tag{4.13}$$

無次元圧力 $P = p/(6\eta bV/h_0^2)$ を $m = h_1/h_0$, $H = h/h_0$ とおいて表すと,

$$P = \frac{1}{m^2 - 1} \frac{(H - 1)(m - H)}{H^2} \tag{4.14}$$

また, $X = x/b$ とおいて P と X の関係で表すと, $H = m - (m - 1)X$ なる関係より,

$$P = \frac{(m - 1)(1 - X)X}{(m + 1)\{m - (m - 1)X\}^2} \tag{4.15}$$

図 4.5 に傾斜平面軸受の無次元圧力分布 P を示す.

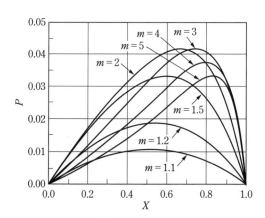

図 4.5 傾斜平面軸受の無次元圧力分布

(4) 負荷容量

軸受の全負荷容量は, すきま内の圧力を積分して求めることができる.

$$\int_0^b p\,dx = \frac{6\eta b^2 V}{h_0^2} \int_0^1 P\,dX \tag{4.16}$$

ここで，$\displaystyle\int_0^1 PdX$ を無次元負荷容量 W と定義して，その値を求めると，

$$W = \int_0^1 PdX = \frac{1}{m-1}\left\{ \frac{\ln m}{m-1} - \frac{2}{m+1} \right\} \tag{4.17}$$

(5) 摩擦力

　摩擦力は，軸受面に作用するせん断応力を積分して求めることができる．せん断応力は式（4.1）に式（4.7）を代入して

$$\begin{aligned}
\tau\big|_{y=h,0} &= \eta\,\frac{dv}{dy}\bigg|_{y=h,0} = \eta\left[\frac{1}{\eta}\frac{dp}{dx}\left(y - \frac{h}{2}\right) - \frac{V}{h} \right]_{y=h,0}\\
&= \pm\frac{dp}{dx}\left[\frac{h}{2} \right] - \frac{\eta V}{h}
\end{aligned} \tag{4.18}$$

ここで，＋は $y=h$ の固定面，－は $y=0$ の移動面である．$y=0$ のせん断応力を積分して，摩擦力 f を求めると，

$$\begin{aligned}
f &= \int_0^b \tau\bigg|_{y=0} dx = \int_0^b \left(-\frac{dp}{dx}\left[\frac{h}{2} \right] - \frac{\eta V}{h} \right) dx\\
&= \frac{6\eta bV}{h_0}\left[\frac{2\ln m}{3(m-1)} - \frac{1}{m+1} \right]
\end{aligned} \tag{4.19}$$

摩擦係数 μ は，式（4.19）と式（4.13）から，

$$\mu = \frac{f}{p} = \frac{h_0}{b}\,M_\mu \tag{4.20}$$

$$M_\mu = \left(\frac{2}{3}\ln m - \frac{m-1}{m+1} \right)\bigg/\left(\frac{\ln m}{m-1} - \frac{2}{m+1} \right) \tag{4.21}$$

　図 4.6 は傾斜平面軸受の無次元負荷容量 W と無次元摩擦係数 M_μ を示す．無次元負荷容量は $m = 2.18$ で最大値をとり，無次元摩擦係数もほぼ同じ値で最小となる．

　図 4.5 に示したように，傾斜平面軸受では，平面と傾斜面の間にくさび状に潤滑油が入り込んで圧力を発生させる．これを**くさび効果**（wedge effect）という．上記の傾斜平面軸受の他にも**図 4.7** に示すような圧力発生を容易にする形状が用いられている．すべり軸受において圧力を発生させるもうひとつの要

因として，**スクイズ効果**（squeeze effect）がある．2 面間が接近すると，2 面間の流体が絞り出されようとするが，流体の粘性抵抗のために圧力が発生する効果であり，動的負荷を受ける軸受ではこの効果の寄与が大きい．

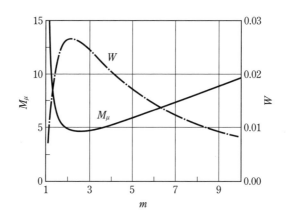

図 4.6 傾斜平面軸受の無次元負荷容量と無次元摩擦

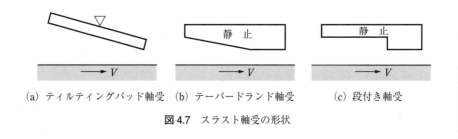

（a）ティルティングパッド軸受 （b）テーパードランド軸受 （c）段付き軸受

図 4.7 スラスト軸受の形状

4.2.2 ジャーナル軸受

ラジアル荷重を支えるすべり軸受を**ジャーナル軸受**（journal bearing）といい，**図 4.8** に示すような形状の軸受がある．真円軸受の場合について十分に潤滑されたジャーナル軸受では，**図 4.9** のように軸受中心と軸中心が e だけ偏心して回転する．平均軸受すきまを c とすると，$\varepsilon = e/c$ を**偏心率**という．最大すきまの位置から軸の回転方向に角度 θ をとると，軸受すきま，すなわち油膜形状は $h = c + e \cos\theta = c(1 + \varepsilon \cos\theta)$ で与えられる．この油膜形状をレイノルズ方程式に代入して解けば，圧力分布が求められ，この結果を用いて軸

受負荷容量，摩擦係数や最小油膜厚さなどの軸受特性が評価できる．

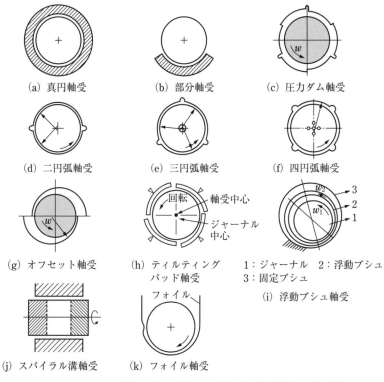

（a）真円軸受　　　　　（b）部分軸受　　　　（c）圧力ダム軸受

（d）二円弧軸受　　　　（e）三円弧軸受　　　　（f）四円弧軸受

（g）オフセット軸受　　（h）ティルティング　　1：ジャーナル　2：浮動ブシュ
　　　　　　　　　　　　　　　パッド軸受　　　3：固定ブシュ

（i）浮動ブシュ軸受

（j）スパイラル溝軸受　（k）フォイル軸受

図 4.8　ジャーナル軸受の形状（出典：日本機械学会「機械工学便覧」）

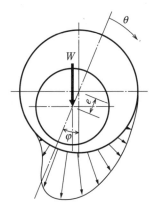

図 4.9　ジャーナル軸受（e：偏心量，φ：偏心角）

　図4.10に軸受特性の例を示す．横軸 $S = \eta n (r/c)^2/p$ はゾンマーフェルト数（Sommerfeld number）と呼ばれる，ジャーナル軸受の特性を表すために用いられる変数である．

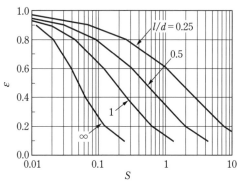

図4.10　軸受特性（l/d：幅径比）

4.2.3　軸受設計

　軸受の設計では，前述の流体潤滑理論の計算により軸受特性を求めるが，必ずしも理論通りに潤滑油の流れが形成されなかったり，軸受面の表面粗さや変形などにより油膜厚さが変わったりする．また，起動停止時や衝撃が加わった時など油膜が十分に形成されない混合潤滑状態での特性など，理論計算によって形状寸法を決定すること

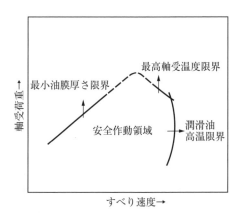

図4.11　すべり軸受の安全作動限界
（出典：日本機械学会「機械工学便覧」）

が困難な場合には過去の経験に基づく設計が併用される．図4.11は，すべり軸受の安全作動限界の概念図を示す．低速高荷重では油膜厚さが小さく，軸と軸受の直接接触の危険がある．また，高速高荷重では油温の上昇により，軸受材料の軟化や潤滑油の酸化劣化の危険がある．

ジャーナル軸受の主要な設計パラメータには以下のようなものがある.

① **すきま比**（clearance ratio）（c/r）直径すきま（軸受の内径とジャーナルの直径の差）$2c$ とジャーナル直径 $d = 2r$ の比

② **幅径比**（width diameter ratio）（l/d）ジャーナル直径 d と幅 l の比

③ **軸受圧力**（bearing pressure）（$p = W/dl$）軸受荷重 W を d と l の積，すなわち投影面積で除した値

④ **軸受特性数**（bearing characteristic number）（$\eta n/p$）ストライベック線図の横軸であり，この値が大きいほど油膜厚さは厚くなる．したがって，二面間が油膜で分離されるように，この値をある値以上にしなければならない．

⑤ **pV値**（pV factor）軸受圧力 p とすべり速度 V の積で，摩擦係数 μ を乗じた μpV は，単位時間，単位面積当たりの発熱量に相当する．

表 4.4 軸受設計資料（出典：日本機械学会「機械実用便覧」）

機械名	軸 受	最大許容圧力 p〔MPa〕	最大許容圧力速度係数 pV〔MPa·m/s〕	適正粘度 η〔mPa·s〕	最大許容 $\eta n/p^*$	標準すきま比 c/r	標準幅径比 l/d
自動車用ガソリン機関	主軸受	6 †~25△	400		3.4×10^{-12}	0.001	0.8 ~ 1.8
	クランクピン	10×†~ 35△	400	7 ~ 8	2.4	0.001	0.7 ~ 1.4
	ピストンピン	15×†~ 40△	–		1.7	< 0.001	1.5 ~ 2.2
往復ポンプ圧縮機	主軸受	2×	2 ~ 3		6.8	0.001	1.0 ~ 2.2
	クランクピン	4×	3 ~ 4	30 ~ 80	4.8	< 0.001	0.9 ~ 2.0
	ピストンピン	7×†			2.4	< 0.001	1.5 ~ 2.0
車両	軸	3.5	10 ~ 15	100	11.2	0.001	1.8 ~ 2.0
蒸気タービン	主軸受	1×~ 2△	40	2 ~ 16	26	0.001	0.5 ~ 2.0
発電機，電動機，遠心ポンプ	回転子軸受	1×~ 1.5×	2 ~ 3	25	43	0.001 3	0.5 ~ 2.0
伝動軸	軽荷重	0.2×			24	0.001	2.0 ~ 3.0
	自動調心	1×	1 ~ 2	25 ~ 60	6.8	0.001	2.5 ~ 4.0
	重荷重	1×			6.8	0.001	2.0 ~ 3.0
工作機械	主軸受	0.5 ~ 2	0.5 ~ 1	40	0.26	< 0.001	1.0 ~ 4.0
打抜き機，シヤー	主軸受	28×	–	100	–	0.001	1.0 ~ 2.0
	クランクピン	55×		100		0.001	1.0 ~ 2.0
圧延機	主軸受	20	50 ~ 80	50	2.4	0.001 5	1.1 ~ 1.5
減速歯車	軸受	0.5 ~ 2	5 ~ 10	30 ~ 50	8.5	0.001	2.0 ~ 4.0

注 * 設計の基準に用いるときは安全のためこの値の（2 ~ 3）倍をとる.
　　× 滴下またはリング給油，† はねかけ給油，△ 強制給油.

すべり軸受は図 4.1 中の流体潤滑領域で使用することが必要であり，潤滑膜の形成のためにはある程度の周速が必要である．したがって，起動や停止の際

には潤滑膜の形成が十分でなく直接接触が生じる．焼付き損傷を避け，なじみ性を向上させるため，すべり軸受の材料には軸に比べて軟らかい材料を用いるのが一般的である．代表的な軸受材料は，ホワイトメタル，ケルメット，アルミ合金などである．

表 4.5　軸受材料の性能（出典：日本機械学会「機械実用便覧」）

軸受材料	およその硬さ〔HB〕	軸の最小硬さ〔HB〕	最大許容圧力〔MPa〕	最高許容温度〔℃〕	焼付きにくさ*	なじみやすさ*	耐食性*	疲労強度*
鋳鉄	160～180	200～250	3～6	150	4	5	1	1
砲金	50～100	200	7～20	200	3	5	1	1
黄銅	80～150	200	7～20	200	3	5	1	1
りん青銅	100～200	300	15～60	250	5	5	1	1
Sn 基ホワイトメタル	20～30	< 150	6～10	150	1	1	1	5
Pb 基ホワイトメタル	15～20	< 150	6～8	150	1	1	3	5
アルカリ硬化鉛	22～26	200～250	8～10	250	2	1	5	5
カドミウム合金	30～40	200～250	10～14	250	1	2	5	4
鉛銅	20～30	300	10～18	170	2	2	5	3
鉛青銅	40～80	300	20～32	220～250	3	4	4	2
アルミ合金	45～50	300	28	100～150	5	3	1	2
銀（薄層被覆つき）	25	300	> 30	250	2	3	1	1
三層メタル（ホワイト被覆）		< 230	> 30	100～150	1	2	2	3

注　＊印は順位を示し，1を最良とする．

4.3　転がり軸受

4.3.1　転がり軸受の形式と構造

転がり軸受は，国際的に規格化されており，互換性のある形式・寸法のものが軸受メーカーから提供されている．設計者は，転がり軸受をメーカーのカタログから選定すればよく，軸受そのものを設計，製作することはない．後述するように軸受の交換や保守は必須であり，これらのやりやすさを考慮した設計が必要である．設計の要点はメーカーのカタログに記載されているので，転がり軸受の設計の際には参照すべきである．本節では，必要最低限の事項に絞って軸受設計（選定）の方法について述べる．

転がり軸受は**図 4.12**のように**内輪**（inner race），**外輪**（outer race），**転動体**（rolling element）および**保持器**（retainer）から構成される．転動体には，球またはころが用いられる．軸受の外径，内径，幅の寸法と公差，精度等級，

許容荷重などが国際的に標準化されている. **表4.6**に示すように種々の構造の
転がり軸受があり, 負荷や用途によって適切なものを選択することになる. 転
がり軸受の内外輪および転動体には, 普通, 高炭素クロム軸受鋼が用いられる.
その他, 耐衝撃性を考慮した浸炭焼入れした肌焼き鋼, 耐熱性の優れた高速度
鋼, 耐食性のよいステンレス鋼などを使用する場合もある.

転がり軸受は, JIS B 1513でその呼び番号が規定されている. **表4.7**に呼び
番号の構成を示す. 呼び番号は, 基本番号と補助記号からなる.

(1) **基本番号**:軸受系列記号（形式記号および寸法系列記号）, 内径番号, 接
触角記号

(1-1) **軸受系列記号**:形式記号および寸法系列記号からなる

(1-2) **形式記号**:軸受の形式を示す記号

(1-3) **寸法系列記号**:幅系列記号および直径系列記号からなる（**図4.13**参照）

(1-4) **内径番号**:**表4.8**参照, 内径20 mm以上では, /（スラッシュ）が付
いた番号を除き内径番号の5倍が内径寸法

(1-5) **接触角記号**:**表4.9**参照, アンギュラ玉軸受などの呼び接触角を表す
記号

(2) **補助記号**:**表4.10**参照

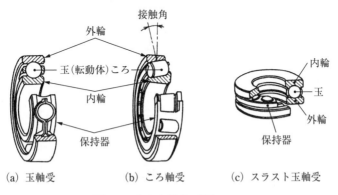

(a) 玉軸受　　　　　(b) ころ軸受　　　　(c) スラスト玉軸受

図4.12 転がり軸受の構造

表 4.6　転がり軸受の種類（出典：JIS B 1513 より抜粋）

軸受の形式		断面図	形式記号	寸法系列記号	軸受系列記号
深溝玉軸受	単列 入れ溝なし 非分離形		6	17 18 19 10 02 03 04	67 68 69 60 62 63 64
アンギュラ玉軸受	単列 非分離形		7	19 10 02 03 04	79 70 72 73 74
自動調心玉軸受	複列 非分離形 外輪軌道球面		1	02 03 22 23	12 13 22 23
円筒ころ軸受	単列 外輪両つば付き 内輪つばなし		NU	10 02 22 03 23 04	NU10 NU2 NU22 NU3 NU23 NU4
	単列 外輪両つば付き 内輪片つば付き		NJ	02 22 03 23 04	NJ2 NJ22 NJ3 NJ23 NJ4
	単列 外輪つばなし 内輪両つば付き		N	10 02 22 03 23 04	N10 N2 N22 N3 N23 N4
	単列 外輪片つば付き 内輪両つば付き		NF	10 02 22 03 23 04	NF10 NF2 NF22 NF3 NF23 NF4
ソリッド形 針状ころ軸受	内輪付き 外輪両つば付き		NA	48 49 59 69	NA48 NA49 NA59 NA69
	内輪なし 外輪両つば付き		RNA	− − − −	RNA48[1] RNA49[1] RNA59[1] RNA69[1]
円すいころ軸受	単列 分離形		3	29 20 30 31 02 22 22C 32 03 03D 13 23 23C	329 320 330 331 302 322 322C 332 303 303D 313 323 323C
自動調心ころ軸受	複列 非分離形 外輪軌道球面		2	39 30 40 41 31 22 32 03 23	239 230 240 241 231 222 232 213[2] 223
単式スラスト 玉軸受	平面座形 分離形		5	11 12 13 14	511 512 513 514
スラスト自動調心 ころ軸受	平面座形 単式 分離形 ハウジング軌道 盤軌道球面		2	92 93 94	292 293 294

注（1）軸受から内輪を除いたサブユニットの系列記号である
注（2）寸法系列からは 203 となるが，慣習的に 213 となっている

表4.7 呼び番号の構成（出典：JIS B 1513）

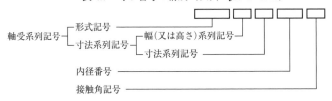

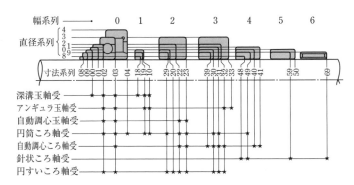

図4.13 ラジアル軸受の寸法系列と軸受形式（出典：NSK転がり軸受カタログ）

表4.8 内径記号（JIS B 1513より抜粋）

呼び軸受内径〔mm〕	内径番号	呼び軸受内径〔mm〕	内径番号
0.6	/0.6 [*]	20	04
1	1	22	/22 [*]
1.5	/1.5 [*]	25	05
2	2	28	/28 [*]
2.5	/2.5 [*]	30	06
3	3	32	/32 [*]
4	4	35	07
5	5	40	08
6	6	45	09
7	7	50	10
8	8	55	11
9	9	60	12
10	00	65	13
12	01	70	14
15	02	75	15
17	03	80	16

注 [*] 他の記号を用いることができる

表 4.9 接触角記号（出典：JIS B 1513）

軸受の型式	呼び接触角	接触角記号
単列アンギュラ玉軸受	10° を超え 22° 以下	C
	22° を超え 32° 以下	A$^{(*)}$
	32° を超え 45° 以下	B
円すいころ軸受	17° を超え 24° 以下	C
	24° を超え 32° 以下	D

注$^{(*)}$ 省略することができる

表 4.10 補助記号（出典：JIS B 1513）

仕様	内容又は区分	補助記号
内部寸法	主要寸法及びサブユニットの寸法が ISO 335 に一致するもの	J3 $^{(1)}$
シール・シールド	両シール付き	UU$^{(1)}$
	片シール付き	U$^{(1)}$
	両シールド付き	ZZ$^{(1)}$
	片シールド付き	Z$^{(1)}$
	内輪円筒穴	なし
	フランジ付き	F$^{(1)}$
	内輪テーパ穴（基準テーパ比 1/12）	K
	内輪テーパ穴（基準テーパ比 1/30）	K30
	輪溝付き	N
	止め輪付き	NR
軸受の組合せ	背面組合せ	DB
	正面組合せ	DF
	並列組合せ	DT
ラジアル内部すきま$^{(3)}$	C2 すきま	C2
	CN すきま	CN$^{(2)}$
	C3 すきま	C3
	C4 すきま	C4
	C5 すきま	C5
精度等級$^{(4)}$	0 級	なし
	6X 級	P6X
	6 級	P6
	5 級	P5
	4 級	P4
	2 級	P2

注$^{(1)}$ 他の記号を用いることができる
注$^{(2)}$ 省略することができる
注$^{(3)}$ JIS B 1520 参照
注$^{(4)}$ JIS B 1514 参照

例 1. 6204

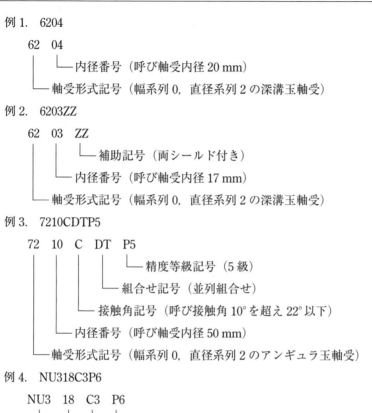

　　62　04

　　　　└─ 内径番号（呼び軸受内径 20 mm）

　　　　└─ 軸受形式記号（幅系列 0，直径系列 2 の深溝玉軸受）

例 2. 6203ZZ

　　62　03　ZZ

　　　　└─ 補助記号（両シールド付き）

　　　　└─ 内径番号（呼び軸受内径 17 mm）

　　　　└─ 軸受形式記号（幅系列 0，直径系列 2 の深溝玉軸受）

例 3. 7210CDTP5

　　72　10　C　DT　P5

　　　　└─ 精度等級記号（5 級）

　　　　└─ 組合せ記号（並列組合せ）

　　　　└─ 接触角記号（呼び接触角 10° を超え 22° 以下）

　　　　└─ 内径番号（呼び軸受内径 50 mm）

　　　　└─ 軸受形式記号（幅系列 0，直径系列 2 のアンギュラ玉軸受）

例 4. NU318C3P6

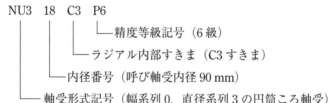

　　NU3　18　C3　P6

　　　　└─ 精度等級記号（6 級）

　　　　└─ ラジアル内部すきま（C3 すきま）

　　　　└─ 内径番号（呼び軸受内径 90 mm）

　　　　└─ 軸受形式記号（幅系列 0，直径系列 3 の円筒ころ軸受）

4.3.2　転がり軸受の寿命

(1)　基本定格寿命と基本動定格荷重

　転がり軸受では，内外輪と転動体の接触部に繰返し作用する負荷によりフ**レーキング**（flaking）と呼ばれる剥離損傷が生じ，使用に耐えなくなる．この最初のフレーキングが生じるまでの総回転数を転がり疲れ寿命という．本質的に材料の疲れ自体にばらつきが存在するため，同じ型式の軸受を同一条件で運転した場合，軸受の転がり疲れ寿命も**図 4.14** のようにばらつきが生じる．こ

のため，転がり疲れ寿命を統計的に取り扱い，同じ運転条件で使用したとき 90％の軸受が剥離損傷することなく運転できる（これを信頼度 90％という）回転数で，転がり軸受の**基本定格寿命**（basic rating life）L_{10}〔$\times 10^6$ 回転〕は定義される．疲れ寿命は，軸受に加

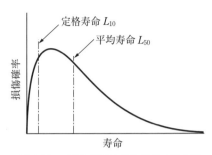

図 4.14 転がり軸受の寿命分布の概念図

わる荷重によって変わるので，定格寿命が 100 万回転になる**基本動定格荷重**（basic dynamic load rating）C を用いて，軸受荷重 P のときの寿命 L_{10} は次式で表される．

$$L_{10} = \left[\frac{C}{P}\right]^p \tag{4.22}$$

玉軸受では $p = 3$，ころ軸受では $p = 10/3$ である．

　軸受が一定回転速度で使用される場合には，軸受の疲れ寿命を時間で表したほうが便利な場合がある．500 時間で 10^6 回転することを基本にすると 33.3〔rpm〕で回転することになるので，時間単位で表した軸受寿命を L_h〔hour〕，回転速度を n〔rpm〕とすると，次式のようになる．

$$L_h = \left[\frac{10^6}{60n}\right]L_{10} = \left[\frac{10^6}{60n}\right]\left[\frac{C}{P}\right]^p = \left[\frac{10^6}{60 \times 33.3}\right]\left[\frac{C}{P}\right]^p\left[\frac{33.3}{n}\right]$$
$$= 500\left[\frac{C}{P}\right]^p\left[\frac{33.3}{n}\right] = 500 f_h^p \tag{4.23}$$

ここで，f_h は**疲れ寿命係数**（life factor）で，$f_h = f_n \dfrac{C}{P}$．f_n は**速度係数**（speed factor）で，$f_n = \left[\dfrac{33.3}{n}\right]^{1/p} = (0.003n)^{-1/p}$ である．

（2）基本静定格荷重

　転がり軸受に過大な荷重が作用した場合，転動体と軌道面との間に局部的な永久変形が生じる．この変形量がある程度の値を超えると軸受の滑らかな回転に支障が生じる．**基本静定格荷重**（basic static load rating）は，転動体と軌道面との間の最大接触応力の計算値が次の値となる静荷重である．

自動調心玉軸受：4 600 MPa

その他の玉軸受：4 200 MPa

ころ軸受：4 000 MPa

この場合の永久変形は，転動体の直径の約 0.0001 倍となる．基本静定格荷重 C_0 の値は，ラジアル荷重では C_{0r}，アキシャル荷重では C_{0a} として，軸受カタログに記載されている（**表 4.11**）．

表 4.11 深溝玉軸受の基本特性（出典：NSK ころがり軸受カタログより抜粋）

主要寸法〔mm〕				基本定格荷重〔N〕		係数	許容回転数〔rpm〕		呼び番号
内径 d	外径 D	幅 B	面取寸法 r（最小）	C_r	C_{0r}	f_0	グリース潤滑 開放形 Z, ZZ 形	油潤滑 開放形 Z 形	
30	42	7	0.3	4 700	3 650	16.4	15 000	18 000	6806
	47	9	0.3	7 250	5 000	15.8	14 000	17 000	6906
	55	9	0.3	11 200	7 350	15.2	13 000	15 000	16006
	55	13	1	13 200	8 300	14.7	13 000	15 000	6006
	62	16	1	19 500	11 300	13.8	11 000	13 000	6206
	72	19	1.1	26 700	15 000	13.3	9 500	12 000	6306
32	58	13	1	15 100	9 150	14.5	12 000	14 000	60/32
	65	17	1	20 700	11 600	13.6	10 000	12 000	62/32
	75	20	1.1	29 900	17 000	13.2	9 000	11 000	63/32
35	47	7	0.3	4 900	4 100	16.7	14 000	16 000	6807
	55	10	0.6	10 600	7 250	15.5	12 000	15 000	6907
	62	9	0.3	11 700	8 200	15.6	11 000	13 000	16007
	62	14	1	16 000	10 300	14.8	11 000	13 000	6007
	72	17	1.1	25 700	15 300	13.8	9 500	11 000	6207
	80	21	1.5	33 500	19 200	13.2	8 500	10 000	6307
40	52	7	0.3	6 350	5 550	17	12 000	14 000	6808
	62	12	0.6	13 700	10 000	15.7	11 000	13 000	6908
	68	9	0.3	12 600	9 650	16	10 000	12 000	16008
	68	15	1	16 800	11 500	15.3	10 000	12 000	6008
	80	18	1.1	29 100	17 900	14	8 500	10 000	6208
	90	23	1.5	40 500	24 000	13.2	7 500	9 000	6308
45	58	7	0.3	6 600	6 150	17.2	11 000	13 000	6809
	68	12	0.6	14 100	10 900	15.9	9 500	12 000	6909
	75	10	0.6	14 900	11 400	15.9	9 000	11 000	16009
	75	16	1	20 900	15 200	15.3	9 000	11 000	6009
	85	19	1.1	31 500	20 400	14.4	7 500	9 000	6209
	100	25	1.5	53 000	32 000	13.1	6 700	8 000	6309
50	65	7	0.3	6 400	6 200	17.2	9 500	11 000	6810
	72	12	0.6	14 500	11 700	16.1	9 000	11 000	6910
	80	10	0.6	15 400	14 400	16.1	8 500	10 000	16010
	80	16	1	21 800	16 600	15.6	8 500	10 000	6010
	90	20	1.1	35 000	23 200	14.4	7 100	8 500	6210
	110	27	2	62 000	38 500	13.2	6 000	7 500	6310

4.3.3 動等価荷重

軸受では，ラジアル荷重またはアキシャル荷重が単独で加わることはまれで，両者が同時に加わる場合が多い．一般のスラスト玉軸受はラジアル荷重を受けることはできないが，ラジアル軸受ではある程度のアキシャル荷重も受けることができる．この場合，アキシャル荷重の影響を等価なラジアル荷重に置き換えて軸受寿命を計算することになる．この等価な荷重を**動等価荷重**（dynamic equivalent load）といい，次式で求められる．

$$P = XF_r + YF_a \tag{4.24}$$

ここで，P：動等価荷重，F_r：ラジアル荷重，F_a：アキシャル荷重，X：ラジアル荷重係数，Y：アキシャル荷重係数である．X, Yの値は軸受カタログに記載されている（**表**4.12）．

表4.12 荷重係数（深溝玉軸受）（出典：NSK ころがり軸受カタログより抜粋）

$\dfrac{f_0 F_a}{C_{0r}}$	e	$\dfrac{F_a}{F_r} \leqq e$		$\dfrac{F_a}{F_r} > e$	
		X	Y	X	Y
0.172	0.19	1	0	0.56	2.30
0.345	0.22	1	0	0.56	1.99
0.689	0.26	1	0	0.56	1.71
1.03	0.28	1	0	0.56	1.55
1.38	0.30	1	0	0.56	1.45
2.07	0.34	1	0	0.56	1.31
3.45	0.38	1	0	0.56	1.15
5.17	0.42	1	0	0.56	1.04
6.89	0.44	1	0	0.56	1.00

動等価荷重 P は次の手順で求める．

(1) 使用する軸受の C_{0r} と f_0 をカタログの軸受寸法表から求める．f_0 は基本静定格荷重の計算に用いる係数で，JIS B 1519 で規定された軸受の形状・寸法によって決まる係数である．

(2) $f_0 F_a / C_{0r}$ の値を求め，表から e の値を求める．表に示されていない数値は線形補間によって求める．

(3) F_a/F_r と e を比較し，表から荷重係数 X，Y を求める．表に示されていない数値は線形補間*によって求める．

(4) $P = XF_r + YF_a$ により動等価荷重を求める．

［例題 4.1］

　深溝玉軸受 6210 を，ラジアル荷重 2 kN，回転速度 1 600 rpm で使用する場合の寿命時間を求めよ．

［解］

　表 4.11 より，深溝玉軸受 6210 の基本定格荷重 C_r は 35 kN である．式 (4.22) より

$$L_{10} = \left(\frac{C}{P}\right)^3 = \left(\frac{35}{2}\right)^3 = 5.36 \times 10^3 \text{（単位は } 10^6\text{）}. \quad \text{よって，寿命時間は，}$$

$5.36 \times 10^9/1\,600 = 3.35 \times 10^6\,\text{min}.$

［例題 4.2］

　深溝玉軸受 6210 に，ラジアル荷重 2 kN とアキシャル荷重 2 kN が作用している．回転速度 1 600 rpm で使用する場合の寿命時間を求めよ．

［解］

　表 4.11 より，深溝玉軸受 6210 の基本定格荷重 C_r は 35 kN，基本静定格荷重 C_{0r} は 23.2 kN，係数 f_0 は 14.4 である．$f_0 F_a/C_{0r} = 1.24$ であるので，表 4.12 より，線形補間により e の値を求めると，$e = 0.292$ であり，$F_a/F_r > e$ となり，$X = 0.56$，$Y = 1.49$ が求まる．式 (4.24) より動等価荷重を求めると，$P =$

---

*線形補間

　データ $(x_0,\ y_0)$ と $(x_1,\ y_1)$ があるとする．$x_0 < x < x_1$ なる x が与えられたとき，x に対応する y は次式で得られる．

$$y = y_0 + \frac{x - x_0}{x_1 - x_0}\,(y_1 - y_0)$$

4.1 kN である．式（4.22）より，

$$L_{10} = \left(\frac{C}{P} \right)^3 = \left(\frac{35}{4.1} \right)^3 = 6.22 \times 10^2 \quad （単位は 10^6）．よって，寿命時間は，$$

$6.22 \times 10^8 / 1\,600 = 3.89 \times 10^5\,\mathrm{min}.$

4.3.4 疲れ寿命の補正

軸受寿命は信頼度 90% で定義されているが，使用する機械によっては 90% の信頼度より高い信頼度で寿命の推定を必要とする場合がある．また，軸受用鋼材の改良により疲れ寿命が延びていることなどを考慮するための補正係数がある．

$$L_{na} = a_1 a_2 a_3 L_{10} \tag{4.25}$$

ここで L_{na} は信頼度，材料の改良，潤滑条件などを考慮した疲れ寿命である．a_1 は 90% 以上の信頼度に対して**表 4.13** の値をとる．a_2 は材料の改良による疲れ寿命の延長を補正するための軸受特性係数，a_3 は軸受の使用条件，特に疲れ寿命に及ぼす潤滑条件の影響を補正する使用条件係数である．a_2 と a_3 の値については，軸受メーカーの最新のカタログを参照する必要がある．

表 4.13 信頼度係数 a_1

信頼度，%	90	95	96	97	98	99
a_1	1.00	0.62	0.53	0.44	0.33	0.21

4.3.5 許容回転速度

軸受の回転速度が大きくなるに従って，軸受内部の摩擦熱による温度上昇が大きくなり，焼付きや材料の強度低下による損傷を引き起こす．このため，ある限度以上の発熱を生じさせないで軸受の運転を続けることができる回転速度の許容値が経験的に決められている．軸受カタログには，軸受ごとにグリース潤滑および油潤滑の場合の**許容回転速度**（permissible rotating velocity）が記載されている．

4.3.6 転がり軸受の使用方法

（1）はめあい

　軸受の内輪は軸に，外輪はハウジングに取り付けられる．荷重を支える軸受を取り付ける最も一般的な方法は，しまりばめで固定することである．荷重に応じた適切なしめしろを与えない（しめしろが少ない）場合，回転によりクリープと呼ばれる軌道輪と軸またはハウジングとの間で円周方向のすべり現象が生じる．普通荷重の軸と内輪のはめあいは，直径 18 mm 以下で js5 〜 js6，直径 18 mm 〜 100 mm で k5 〜 k6 が標準である．

(2)　転がり軸受用ナット・座金による軸受の固定

　図 4.15 に示すように，軸受用ナットと座金を用いて転がり軸受を軸に取り付ける方法がある．主に軸受の取付けや取外しを容易にするために用いられる．回転中にナットが緩むと事故につながるので，軸に設けた溝に座金の舌を入れ，軸受用ナットの溝に座金の突起を折り曲げてかみあわせ，ナットが緩まないようにする．軸受用ナットと座金は軸受の内径番号に応じて規格化されており，その呼び番号はそれぞれ AN，AW に続けて軸受の内径番号を付ける（例 AN04，AW04）．

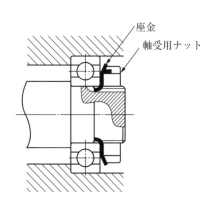

図 4.15　転がり軸受用ナットと座金の使用

(3)　予圧

　転がり軸受の転動体と内外輪は，適切なすきまがある状態で用いられるが，アンギュラ玉軸受や円すいころ軸受のように 2 個対向させて用いる軸受は，アキシャル方向に負のすきまを持たせて使用する場合がある．これを**予圧**（preload）という．予圧により，（a）軸受剛性が高くなる，（b）軸の振れを抑

え回転精度が向上する，(c) 振動・騒音が抑制される，といった効果がある.

　図 4.16 はアンギュラ玉軸受の組合せである. 正面合せ（face to face）と背面合せ（back to back）がある. 正面合せでは軸線上での作用線の間隔が狭いので，取付け誤差があって軸が傾きやすいときに用いる. 背面合せでは作用線の間隔が広いので，外力による曲げに強い.

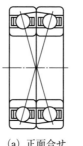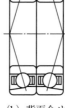

　　　　　　　（a）正面合せ　　　　（b）背面合せ

図 4.16　アンギュラ玉軸受の組合せ

演習問題

【4.1】 呼び番号 6205 の転がり軸受の名称，内径，外径，幅を示せ．

【4.2】 呼び番号 6006ZZNR の転がり軸受の意味を示せ．

【4.3】 6206 型転がり軸受に 9 kN の荷重が作用するときの定格寿命を総回転数で示せ．また，200 rpm の一定回転数で運転するときの寿命時間を示せ．

【4.4】 ラジアル荷重を受ける深溝玉軸受で，ラジアル荷重が k 倍になったとき基本定格寿命は何倍になるか．また，ころ軸受の場合にはどうなるか．

【4.5】 4.0 kN のラジアル荷重と 2.0 kN のアキシャル荷重を受ける深溝玉軸受 6307 の動等価荷重と基本定格寿命を求めよ．

【4.6】 週 42 時間稼動する，耐用年数 8 年の装置がある．この装置の軸（直径 40 mm，回転速度 600 rpm）を支持する軸受として単列深溝玉軸受 6008 を選定した．ラジアル荷重 1.5 kN，アキシャル荷重 0.75 kN が作用する場合について，この軸受の使用の可否について判断し，その理由を記せ．

【4.7】 図 4.17 に示す垂直軸の軸受 A および軸受 B に深溝玉軸受を使用する．プーリに作用する力 T_1（張り側）を 1 200 N，T_2（緩み側）を 600 N，プーリ直径を 200 mm，軸回転数を 300 rpm，プーリと軸の重量 W を 410 N，軸径 35 mm とする．

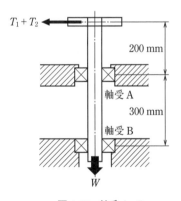

図 4.17 軸受 A，B

（1）軸受 A に作用するラジアル荷重とアキシャル荷重はいくらか．

（2）軸受 B に作用するラジアル荷重とアキシャル荷重はいくらか．

（3）定格寿命 15 000 時間として軸受 A および軸受 B を選定せよ．

【4.8】 軸受直径 100 mm，軸受幅 100 mm のジャーナル軸受がある．軸が 1 000 rpm で回転しているときの消費動力を 70 W 以下とするためには，潤滑油の粘性係数をいくらにすればよいか．なお，すきま比は 1/1 000 とする．

第5章 歯 車

5.1 歯車の種類

歯車（gear）は，一対の回転体の周辺に設けた歯を次々にかみあわせ，運動を伝達する機械要素である．外形の形状によって，**円筒歯車**（cylindrical gear），かさ歯車（bevel gear），**ラック**（rack）などに分類される．また，二軸の位置関係により，平行軸（(a)〜(d)），交差軸（(f)〜(i)），食違い軸（(j)〜(l)），にも分類される．

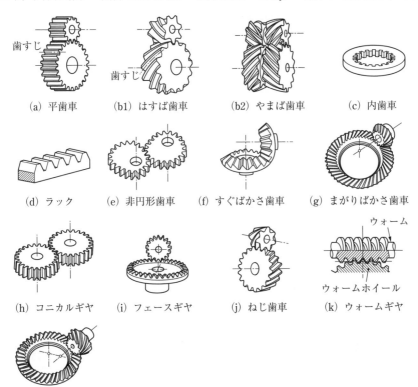

歯すじ

歯すじ

(a) 平歯車 　　(b1) はすば歯車 　　(b2) やまば歯車 　　(c) 内歯車

(d) ラック 　　(e) 非円形歯車 　　(f) すぐばかさ歯車 　　(g) まがりばかさ歯車

ウォーム

ウォームホイール

(h) コニカルギヤ 　　(i) フェースギヤ 　　(j) ねじ歯車 　　(k) ウォームギヤ

(l) ハイポイドギヤ

図 5.1 歯車の種類（出典：日本機械学会「機械工学便覧」）

　歯車の役割は，角速度比一定で動力および回転を確実に伝えることである．
図 5.2 のように直径 d_1 と直径 d_2 の二つの円筒の外周を接触させて回転を伝達
する円筒車の場合，円筒外周面ですべりが生じないとすれば，その角速度比は
d_2/d_1 である．しかし，すべりは生じるので角速度比をつねに一定に保つこと
は困難である．確実に伝動するためには回転に伴って動径を大きくすればよい
が，無限に大きくし続けることはできない．したがって，円筒外周に一定間隔
で凹凸（すなわち歯）を設け，次々にかみあって回転するようにする．つねに
角速度比一定でかみあうための歯の形状は機構学的には次のような条件を満た
さなければならない．すなわち，歯の形状は接触点に立てた共通法線がつねに
一対の歯車の**中心距離**（center distance）を角速度の逆比に分割する点（この
点を**ピッチ点**（pitch point）という）を通らなければならない．ピッチ点を通
る仮想の円を円筒歯車では**基準円**（reference circle）あるいは**ピッチ円**（pitch
circle）といい，基準円同士で転がり運動をするのと等価な運動を歯車は実現
することになる．

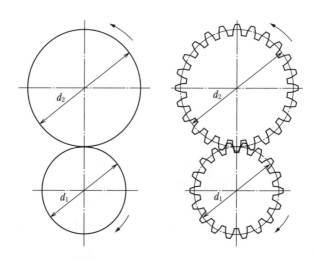

図 5.2　転がり接触と歯車のかみあい

　先の機構学的条件を満たす歯車の歯形として，**インボリュート曲線**（involute
curve）が広く使われている．インボリュート曲線は，**図 5.3** に示すように，

基礎曲線（一般に**基礎円**（base circle））に巻き付けた糸を弛まないようにしてほぐしたときに糸の先端が描く軌跡である．角 θ は $\tan \alpha - \alpha$ で与えられ，これを $inv\,\alpha$（インボリュート α：α はラジアンで与える）で表す．

インボリュート歯形の歯車は，(i) 歯面の接触点における力の方向が一定である，(ii) 創成歯切りが可能である，(iii) 転位により歯厚やかみあい率を調整できる，(iv) 軸間距離が変化しても角速度比一定で運転可能である，などの特徴を有しており，設計の自由度が高いうえに組立て誤差もある程度許容できる．

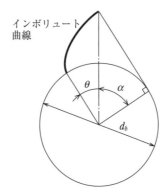

図 5.3　インボリュート曲線

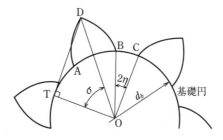

[解]————————————————————

(1)　$\widehat{\text{AC}} = \pi d_b/z$

　　$\angle\, \text{AOC} = 2\,\widehat{\text{AC}}\,/d_b = 2\pi/z$

(2)　$\angle\, \text{AOD} = \dfrac{1}{2}\,(\angle\, \text{AOC} - 2\eta) = \dfrac{1}{2}\left[\dfrac{2\pi}{z} - 2\eta\right] = \dfrac{\pi}{z} - \eta$

(3)　$\widehat{\text{AB}} = d_b\,\angle\, \text{AOD} = d_b\left[\dfrac{\pi}{z} - \eta\right]$

(4)　$\angle\, \text{AOD} = \angle\, \text{BOD} = inv\,\sigma \quad \sigma = \angle\, \text{TOD}$

$$\overline{\text{OD}} = \dfrac{d_b}{2\cos\sigma} = \dfrac{d_b}{2\cos\left\{inv^{-1}\left[\dfrac{\pi}{z} - \eta\right]\right\}}$$

ここで，inv^{-1} は逆インボリュート関数である．

5.2　平歯車の創成歯切

　図 5.5 のように，基準円を無限大にした直線歯形の**基準ラック**（basic rack）の**データム線**（datum line）すなわち通常の**基準ピッチ線**（reference line）と

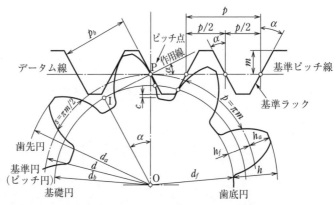

d_b：基礎円直径，d：基準円直径，d_a：歯先円直径，d_f：歯底円直径，p：ピッチ，
h_a：歯末のたけ，h_f：歯元のたけ，h：歯たけ，c：頂げき，s：歯厚

図 5.5　標準基準ラック工具による非転位歯車の創成（バックラッシなしの場合）

歯車素材の基準円をすべらないようにして，基準ラックを直線運動，歯車素材を回転運動させたときインボリュート歯形が創成される．このようにして創成された歯車を**非転位歯車**（non-rack-shifted gear），***x − 0* 歯車**（*x − 0* gear）あるいは**標準歯車**（standard gear）という（転位については 5.5 節で述べる）．

5.3 歯車用語と平歯車のかみあい

5.3.1 歯車用語と非転位平歯車の寸法

図 5.5 中のインボリュート歯車に関する重要な用語を以下に示す．

作用線（line of action）：インボリュート歯形ではかみあいの接触点は固定された直線上を移動する．この直線を作用線と呼ぶ．

基準円（reference circle）：**ピッチ円**ともいい，非転位歯車でピッチ点を通る仮想の円．ラックのピッチを p，歯車の歯数を z とすると，基準円周長さは pz，基準円直径は pz/π である．

モジュール（module）m：歯の大きさを表す基準として用いられ，$m = p/\pi = d/z$ で表される．

基準圧力角（standard pressure angle）α：歯の接触点における接線と両歯車の中心線とのなす角度．$20°$ が広く使用されている．

基準円ピッチ（reference pitch）p：単に**円ピッチ**（circular pitch）ともいい，基準円上の歯と歯の間隔で，$p = m\pi$ で表される．

基礎円ピッチ（base pitch）p_b：**法線ピッチ**（normal pitch）ともいい，基礎円上の歯と歯の間隔すなわち作用線上における歯と歯の間隔で，$p_b = m\pi \cos\alpha$ で表される．

バックラッシ（backlash）：かみあっている歯車の裏歯面間のすきま．歯車が円滑にかみあうために設けられる．円周方向バックラッシ j_t と作用線方向バックラッシ j_{bt} が用いられ，$j_{bt} = j_t \cos\alpha$ の関係がある．

かみあう一組の歯車対のモジュールと基準圧力角を同一としなければ，正常にかみあうことはできない．**表 5.1** に，モジュール m，歯数 z_1 と z_2 の歯車がかみあっているときの非転位平歯車の主な寸法を示す．

表 5.1　非転位平歯車の主な寸法

中心距離（center distance）	$a = \dfrac{z_1 + z_2}{2}\,m$
基準円直径（reference diameter）	$d_1 = mz_1,\ \ d_2 = mz_2$
歯先円直径（tip diameter）	$d_{a1} = m(z_1 + 2),\ \ d_{a2} = m(z_2 + 2)$
歯底円直径（root diameter）	$d_{f1} = m(z_1 - 2) - 2c,\ \ d_{f2} = m(z_2 - 2) - 2c$
基礎円直径（base diameter）	$d_{b1} = mz_1 \cos\alpha,\ \ d_{b2} = mz_2 \cos\alpha$
基準円ピッチ（reference pitch）	$p = m\pi$
基礎円ピッチ（base pitch）	$p_b = m\pi \cos\alpha$
全歯たけ（tooth depth）	$h = 2m + c$
歯末（はずえ）のたけ（addendum）	$h_a = m$
歯元（はもと）のたけ（dedendum）	$h_f = m + c$
頂げき（clearance）	$c = 0.25m$

［例題 5.2］

　圧力角 20°，モジュール 4，小歯車歯数 19，大歯車歯数 42 の非転位平歯車の基準円直径，歯先円直径，歯底円直径，基礎円直径，基礎円ピッチ，中心距離を求めよ.

［解］────────────────────────────────

小歯車の値には添字 1，大歯車の値には添字 2 を付ける.

圧力角 $\alpha = 20°$，モジュール $m = 4$，歯数 $z_1 = 19$，$z_2 = 42$，頂げき $c = 0.25\,m$

基準円直径 $d_1 = mz_1 = 76$ mm，$d_2 = mz_2 = 168$ mm

歯先円直径 $d_{a1} = m(z_1 + 2) = 84$ mm，$d_{a2} = m(z_2 + 2) = 176$ mm

歯底円直径 $d_{f1} = m(z_1 - 2.5) = 66$ mm，$d_{f2} = m(z_2 - 2.5) = 158$ mm

基礎円直径 $d_{b1} = mz_1 \cos\alpha = 71.417$ mm，$d_{b2} = mz_2 \cos\alpha = 157.868$ mm

基礎円ピッチ $p_b = m\pi \cos\alpha = 11.809$ mm

中心距離 $a = m(z_1 + z_2)/2 = 122$ mm

5.3.2 かみあい率

図 5.6 は，1 対のインボリュート歯車がかみあっている状態を示す．歯車 1 を駆動歯車，歯車 2 を被動歯車とすると，歯のかみあいは作用線 I_1 - I_2 上の K_1 から始まり K_2 で終了する．$\overline{K_1 K_2}$ を**かみあい長さ**（length of path of contact），$\overline{K_1 P}$ を**近寄りかみあい長さ**（approach contact length），$\overline{PK_2}$ を**遠のきかみあい長さ**（recess contact length）という．かみあい長さを基礎円ピッチ p_b（$= m\pi \cos\alpha$）で除した値を**かみあい率** ε_a（contact ratio）といい，式（5.1）で与えられる．

$$\varepsilon_a = \frac{\sqrt{(d_{a1}{}^2 - d_{b1}{}^2)/4} + \sqrt{(d_{a2}{}^2 - d_{b2}{}^2)/4} - a\sin\alpha}{\pi m \cos\alpha} \tag{5.1}$$

歯車が連続して滑らかに回転するためには，1 対の歯の接触が終わる前に次の 1 対の歯の接触が始まる必要がある．したがって，平歯車のかみあい率は 1 より大きくしなければならない．歯車が滑らかにかみあうためには，なるべくかみあい率を大きくするほうがよいが，平歯車では 2 より大きくすることは困難である．

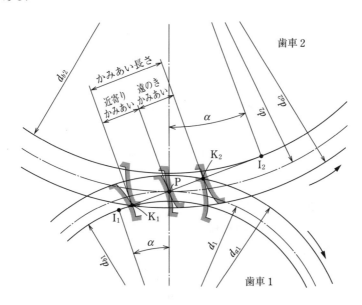

図 5.6 インボリュート歯車のかみあい

[例題 5.3]

例題 5.2 の諸元の歯車対のかみあい率を求めよ.

[解]

式 (5.1) より, $\varepsilon_a = \dfrac{\sqrt{(d_{a1}{}^2 - d_{b1}{}^2)/4} + \sqrt{(d_{a2}{}^2 - d_{b2}{}^2)/4} - a \sin \alpha}{\pi m \cos \alpha} = 1.633$

5.3.3 歯面のすべりとすべり率

歯車の歯面では, ピッチ点でかみあっているとき以外はすべりが生じている. 図 5.7 に示すように, すべりの向きは近寄り側 (かみあい始めからピッチ点まで) と遠のき側 (ピッチ点からかみあい終わりまで) では異なり, 駆動歯車ではピッチ点から遠ざかる方向に, 被動歯車ではピッチ点の方向である.

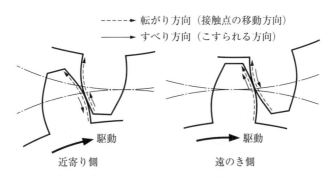

図 5.7　歯面のすべり方向

いま, dt 時間における歯面での接触点の移動量を, 小歯車で dS_1, 大歯車で dS_2 とするとき, 歯面のすべりの程度を表す**すべり率** (specific sliding) は, 次のように定義される.

小歯車のすべり率 　　　　$\sigma_1 = \dfrac{dS_1 - dS_2}{dS_1}$ 　　　　　　(5.2a)

大歯車のすべり率 　　　　$\sigma_2 = \dfrac{dS_2 - dS_1}{dS_2}$ 　　　　　　(5.2b)

歯車が $d\theta$ 回転したときの歯面上の移動量 dS は，インボリュート曲線の曲率半径を ρ とすると次のように表される．

$$dS = \rho d\theta$$

また，インボリュート歯形の性質により，歯車が $d\theta$ 回転したときの作用線上の移動距離 dx は

$$dx = \frac{d_b}{2}\, d\theta \qquad (d_b：基礎円直径)$$

であるので，

$$dS = \frac{2}{d_b}\, \rho dx = \frac{2}{d\cos\alpha}\, \rho dx \,(d：基準円直径，\ \alpha：圧力角)$$

となる．ここで，接触点からピッチ点までの距離を x とすると，インボリュート曲線の曲率半径は

小歯車の曲率半径 $\qquad \rho_1 = \dfrac{d_1}{2}\, \sin\alpha \mp x$

大歯車の曲率半径 $\qquad \rho_2 = \dfrac{d_2}{2}\, \sin\alpha \pm x$

である．ここで，複号は同順で，上が近寄り側，下が遠のき側のかみあいの場合である．

したがって，式 (5.2) のすべり率は，$i = d_2/d_1$ とすると次のように表すことができる．

$$\sigma_1 = \frac{dS_1 - dS_2}{dS_1} = \mp \frac{x\left(1 + \dfrac{1}{i}\right)}{\dfrac{d_1}{2}\, \sin\alpha \mp x} \tag{5.3a}$$

$$\sigma_2 = \frac{dS_2 - dS_1}{dS_2} = \pm \frac{x\left(1 + i\right)}{\dfrac{d_2}{2}\, \sin\alpha \pm x} \tag{5.3b}$$

ピッチ点では $x = 0$ で，$\sigma_1 = \sigma_2 = 0$ ゆえ，転がり接触をしている．また，基礎円上では，近寄り側で $\sigma_1 = \infty$，遠のき側で $\sigma_2 = \infty$ となり，基礎円付近のかみあいではすべり率が非常に大きくなる．すべり率が大きいと，**スカッフィ**

ング（scuffing）と呼ばれる焼付きや**摩耗**（wear）といった損傷が発生しやすいので注意が必要である.

5.4 歯車の切下げ

歯数が小さくなると，ラック工具の刃先が歯車の歯元をえぐり，**図5.8**のように歯元の歯厚が小さくなる．これを**切下げ**（undercut）という．基礎円より内側にはインボリュートが存在しないので，**図5.9**のように作用線が基礎円と接する点I（干渉点）より歯車の内側にラック工具の刃先がくると，歯元のインボリュートが削られて切下げが生じる.

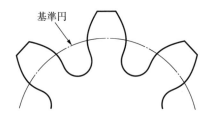

図5.8 切下げ

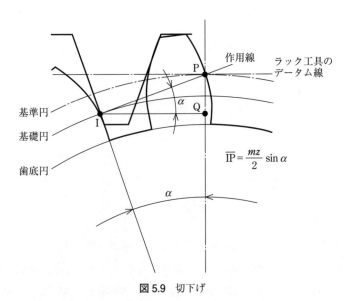

$$\overline{\mathrm{IP}} = \frac{mz}{2}\sin\alpha$$

図5.9 切下げ

図5.9において，データム線から点Iまでの距離を$\overline{PQ}$とすると，データム線からラック工具の刃先までの距離はmであるので，切下げを生じない条件は次式で表される．

$$\overline{PQ} = \overline{PI} \sin \alpha = \frac{mz}{2} \sin^2 \alpha \geq m \tag{5.4}$$

圧力角$\alpha = 20°$の場合，切下げを生じない理論限界歯数は$z = 17$となる．

5.5 転位歯車

図5.10のようにラックのデータム線を歯車素材の基準円からずらして創成した歯車を**転位歯車**（rack shifted gear）または**x‐歯車**（x‐gear）という．このずらす量すなわち**転位量**をxm（mはモジュール）で表す．xを**転位係数**という．図のように歯車の外側にずらす場合を正転位，内側にずらす場合を負転位という．

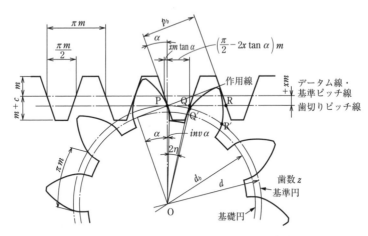

図5.10 標準基準ラック工具による転位歯車の創成

5.5.1 転位歯車の切下げ限界

転位により切下げを防ぐことができる．転位がないときの切下げを生じない条件は式（5.4）で表されるが，図5.10のように正転位することによって，xmだけラック工具は後退する（図では上方向）ので，切下げを生じない条件は次

式のようになる.

$$\frac{mz}{2} \sin^2\alpha + mx \geqq m \tag{5.5}$$

したがって,歯数 z の歯車で切下げを生じない転位係数 x_c は次式で与えられる.

$$x_c \geqq 1 - \frac{z}{2} \sin^2\alpha \tag{5.6}$$

転位係数の増加により切下げがなくなり,歯元の歯厚が大きくなり,また後述の歯の曲げ強さにも有利となる.図 5.17 には,理論切下げ限界を図示している.

[例題 5.4]

　圧力角 $20°$ の転位平歯車において,転位係数 0.38 のときの切下げを生じない歯数はいくらか.

[解]

　式 (5.6) より,$z_c \geqq \dfrac{2(1-x)}{\sin^2\alpha}$ が与えられる.$x = 0.38$ を代入して,$z_c \geqq 10.6$ であるので,歯数 11 枚まで切下げを生じない.

　転位歯車を用いることで,切下げ防止や歯厚調整のほかに,バックラッシ,かみあい率やすべり率を調整することができる.また,中心距離を固定して歯数比を変えたり,逆に歯数比を固定して中心距離を変えたりでき,様々な要求に応じた歯車の設計ができる.

　なお,転位しても角速度比,円ピッチ,基礎円および基準圧力角は不変であるが,歯厚,歯先円直径,歯たけ,中心距離などは,非転位歯車とは異なる.

5.5.2 転位歯車の幾何

　図 5.10 により,転位歯車の歯厚 s,歯溝角 2η,かみあい圧力角 α' を与える式を示す.

(1) 基準円上の歯厚 s

ラックの歯切りピッチ線と歯車の基準円とは転がっているので,

$$\widehat{PQ'} = \overline{PQ} = \left(\frac{\pi}{2} - 2x \tan \alpha \right) m \tag{5.7}$$

となり,基準円上の**歯厚** s は

$$s = \widehat{Q'R'} = \left(\frac{\pi}{2} + 2x \tan \alpha \right) m \tag{5.8}$$

である.

(2) 歯溝の角 2η

基礎円上の**歯溝角** 2η は,$inv\,\alpha$ を用いて

$$2\eta = \angle\,POQ' - 2inv\,\alpha = \widehat{PQ'}/(zm/2) - 2inv\,\alpha = \frac{(\pi - 4x \tan \alpha)}{z} - 2inv\,\alpha \tag{5.9}$$

となる.

(3) 基礎円上の歯厚 s_b

基礎円上歯厚 s_b は,歯溝の半角 η を用いて,次のように表される.

$$s_b = d_b\,(\pi/z - \eta) = m \cos \alpha\,(\pi/2 + 2x \tan \alpha + z\,inv\,\alpha) \tag{5.10}$$

5.5.3 転位歯車のかみあい

図 5.11 は,転位歯車のかみあい状態を示す.図中の j_{bt} は作用線方向のバックラッシ(backlash)で,運転中の負荷による歯のたわみ,熱変形,歯車の製作誤差や軸,軸受等も含む組立て誤差があってもかみあいを滑らかに行うために設けられる.

(1) かみあい圧力角 α'

転位すると,中心距離が非転位歯車の場合と異なるので,かみあい時の圧力角が変化する.この圧力角を**かみあい圧力角**(working pressure angle)という.作用線上の距離 $\overline{RQ}$ を基礎円ピッチ p_b と**バックラッシ** j_{bt} で表せば,

$$\overline{RQ} = p_b + j_{bt} = m\pi \cos \alpha + j_{bt} \tag{5.11}$$

である.また,

$$\overline{RQ} = \overline{RP} + \overline{PQ} = \widehat{AC} + \widehat{ac} = d_{b1}(\eta_1 + inv\,\alpha') + d_{b2}(\eta_2 + inv\,\alpha')$$

$d_{b1} = mz_1 \cos \alpha$,$d_{b2} = mz_2 \cos \alpha$,と式(5.9)を用いると,

$$\overline{\mathrm{RQ}} = m \cos \alpha \{\pi - 2(x_1 + x_2) \tan \alpha - (z_1 + z_2)(inv\,\alpha - inv\,\alpha')\} \tag{5.12}$$

式 (5.11) と式 (5.12) より,

$$inv\,\alpha' = \frac{2(x_1 + x_2)\tan \alpha + j_{bt}/(m\cos \alpha)}{z_1 + z_2} + inv\,\alpha \tag{5.13}$$

となり，$inv\,\alpha'$ から，かみあい圧力角 α' が得られる.

(2) 中心距離 a，かみあいピッチ円直径 d'

中心距離 a は，図 5.11 より

$$a = \frac{d_{b1} + d_{b2}}{2\cos \alpha'} = \frac{m(z_1 + z_2)\cos \alpha}{2\cos \alpha'} \tag{5.14}$$

また，**かみあいピッチ円直径** (working pitch diameter) d' は,

$$d_1' = 2\,\overline{\mathrm{O_1P}} = \frac{2z_1 a}{z_1 + z_2}, \quad d_2' = 2\,\overline{\mathrm{O_2P}} = \frac{2z_2 a}{z_1 + z_2} \tag{5.15}$$

となる.

(3) かみあい率

転位歯車の**かみあい率**は，かみあい圧力角を用いて式 (5.1) より

$$\varepsilon_a = \frac{\sqrt{(d_{a1}{}^2 - d_{b1}{}^2)/4} + \sqrt{(d_{a2}{}^2 - d_{b2}{}^2)/4} - a\sin \alpha'}{\pi m \cos \alpha} \tag{5.16}$$

で与えられる.

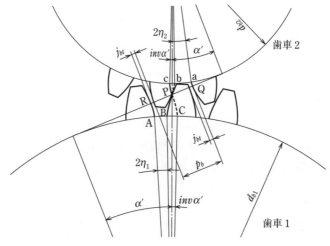

図 5.11 転位歯車のかみあい

> **［例題 5.5］**
>
> 基準圧力角 20°，モジュール 4，小歯車歯数 19，大歯車歯数 42 の平歯車対がある．小歯車のみ正転位（転位係数 0.2）したときのかみあい圧力角，かみあいピッチ円直径，歯先円直径，歯底円直径，基礎円直径，基礎円ピッチ，中心距離，かみあい率を求めよ．バックラッシを 0.15 mm とする．

［解］

 基準圧力角 $\alpha = 20°$，モジュール $m = 4$，歯数 $z_1 = 19$，$z_2 = 42$，小歯車転位係数 $x = 0.2$，バックラッシ $j_{bt} = 0.15$ mm

転位しても円ピッチ，基礎円および基準圧力角は変わらないので，

基礎円ピッチ $\qquad p_b = m\pi \cos\alpha = 11.809$ mm

基礎円直径 $\qquad d_{b1} = mz_1\cos\alpha = 71.417$ mm, $d_{b2} = mz_2\cos\alpha = 157.868$ mm

かみあい圧力角 $\qquad inv\,\alpha' = \dfrac{2(x_1+x_2)\tan\alpha + j_{bt}/(m\cos\alpha)}{z_1+z_2} + inv\,\alpha = 0.017945$

$\qquad\qquad\qquad\quad \alpha' = 21.23°$

中心距離 $\qquad a = \dfrac{d_{b1}+d_{b2}}{2\cos\alpha'} = \dfrac{m(z_1+z_2)\cos\alpha}{2\cos\alpha'} = 122.989$ mm

かみあいピッチ円直径 $\quad d_1' = \dfrac{2z_1 a}{z_1+z_2} = 76.616$ mm, $\quad d_2' = \dfrac{2z_2 a}{z_1+z_2} = 169.362$ mm

歯先円直径 $\qquad d_{a1} = m(z_1+2x_1+2) = 85.6$ mm, $\quad d_{a2} = m(z_2+2x_2+2) = 176$ mm

歯底円直径 $\qquad d_{f1} = m(z_1+2x_1-2.5) = 67.6$ mm, $\quad d_{f2} = m(z_2+2x_2-2.5) = 158$ mm

かみあい率 $\qquad \varepsilon_a = \dfrac{\sqrt{(d_{a1}{}^2 - d_{b1}{}^2)/4} + \sqrt{(d_{a2}{}^2 - d_{b2}{}^2)/4} - a\sin\alpha'}{\pi m\cos\alpha} = 1.521$

5.5.4 歯先とがり

 正の転位を大きくすると**図 5.12** のように歯先の歯厚がなくなり**歯先とがり**を生じ，所定の歯たけが得られなくなるばかりでなく，熱処理を施す際にも支障が生じる．歯先がとがらない限界を**歯先とがり限界**という．図 5.17 には，

歯先とがり限界を図示している.

図 5.12　歯先とがり

[**例題 5.6**]

　図 5.13 を参照して，基準圧力角 α，モジュール m，歯数 z，転位係数 x の平歯車の歯先の歯厚 s_a を求めよ.

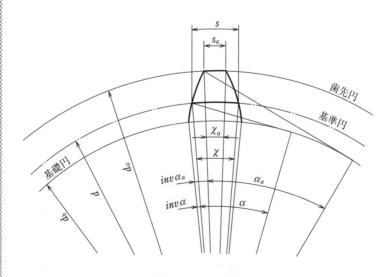

図 5.13　平歯車歯先の歯厚

[解]

基準円上での歯厚 s は $s = m\left(\dfrac{\pi}{2} + 2x\tan\alpha\right)$, 基準円直径 d は $d = mz$, よって基準円上での歯厚角 χ は $\chi = \dfrac{s}{d/2} = 2\left(\dfrac{\pi}{2} + 2x\tan\alpha\right)\Big/z$ である. 一方, 歯先円上での歯厚角 χ_a は $\chi_a = \chi - 2(inv\,\alpha_a - inv\,\alpha)$ であり, χ の値を代入して, $\chi_a = 2\left\{\left(\dfrac{\pi}{2} + 2x\tan\alpha\right)\Big/z - (inv\,\alpha_a - inv\,\alpha)\right\}$ となる. ここで, α_a は歯先でかみあったときの圧力角で, $\alpha_a = \cos^{-1}\dfrac{d_b}{d_a}$ で与えられる. なお, 歯先円直径 d_a は $d_a = m(z + 2 + 2x)$, 基礎円直径 d_b は $d_b = mz\cos\alpha$ である. したがって, 歯先の歯厚 s_a は,

$$s_a = \chi_a\frac{d_a}{2} = \left\{\left(\frac{\pi}{2} + 2x\tan\alpha\right)\Big/z - (inv\,\alpha_a - inv\,\alpha)\right\}m(z + 2 + 2x)$$

で与えられる.

5.6 はすば歯車

はすば歯車（helical gear）は歯すじがつるまき線状の円筒歯車である. このため, 歯面上の接触線が歯すじに対して傾いており, かみあいは歯の側端から始まり反対の側端で終わる. 平歯車よりかみあい率が大きく, 回転を滑らかに伝達でき, 騒音や振動も小さくできる. 一方, 軸力を生じるので, 軸受などに対策が必要である.

　インボリュートはすば歯車の表し方には, **軸直角方式**と**歯直角方式**がある. 軸直角断面の歯形がインボリュート歯形である. はすば歯車の寸法を**表5.2**に示す. 軸直角方式の表示に添字 t を, 歯直角方式の表示に添字 n を付している.

表 5.2　はすば歯車の主な寸法

	軸直角方式	歯直角方式
基準圧力角	α_t	α_n
	$\tan\alpha_t = \tan\alpha_n/\cos\beta$ $\cos\alpha_t = \cos\alpha_n\cos\beta/\cos\beta_b$ $\sin\alpha_t = \sin\alpha_n/\cos\beta_b$	
モジュール	$m_t = m_n/\cos\beta$	m_n
基準円直径	$d_t = m_t z$	$d_n = m_n z/\cos\beta$
基礎円直径	$d_{bt} = m_t z\cos\alpha_t$	$d_{bn} = m_n z\cos\alpha_n/\cos\beta_b$
基準円筒ねじれ角	$\sin\beta = \sin\beta_b/\cos\alpha_n$	
基礎円筒ねじれ角	$\tan\beta_b = \tan\beta\cos\alpha_t$	
歯先円直径	$d_{at} = m_t z + 2m_n$	$d_{an} = m_n(z/\cos\beta + 2)$
中心距離	$a = \dfrac{z_1+z_2}{2}\,m_t$	$a = \dfrac{z_1+z_2}{2\cos\beta}\,m_n$
全歯たけ	$h = 2m_n + c$	
転位係数	$x_t = x_n\cos\beta$	x_n
頂げき	$c = 0.25\,m_n$	
バックラッシ	$j_t = \dfrac{j_n}{\cos\alpha_n\cos\beta}$	j_n

5.6.1　はすば歯車のかみあい率

　はすば歯車のかみあいは，作用線 I_1I_2 を歯幅 b に広げた作用平面（plane of action）で考える．図 5.14 の作用平面 $K_1K_2K_2'K_1'$ を基礎円筒ねじれ角 β_b 傾いた接触線が進んでいく．かみあいは K_1' 点から始まり L' 点に達したとき終了する．したがって，**全かみあい率**（total contact ratio）ε は，軸直角面（正面）に対する**軸直角かみあい率**すなわち**正面かみあい率** ε_a（transverse contact ratio）と歯すじに沿った**重なりかみあい率** ε_b（overlap ratio）の和となる．軸直角かみあい率は式（5.1）より，m を m_t に，α を α_t に置き換えて

$$\varepsilon_a = \frac{\sqrt{(d_{at1}^{\,2}-d_{bt1}^{\,2})/4}+\sqrt{(d_{at2}^{\,2}-d_{bt2}^{\,2})/4}-a\sin\alpha_t}{\pi m_t\cos\alpha_t} \tag{5.17}$$

$$\varepsilon = \varepsilon_a + \varepsilon_b = \varepsilon_a + \frac{b\tan\beta_b}{\pi m_t\cos\alpha_t} \tag{5.18}$$

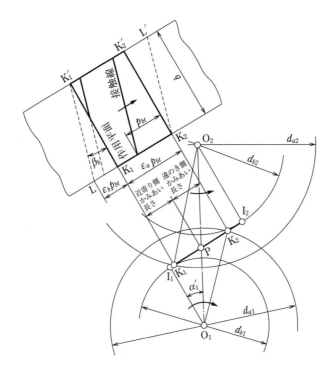

図 5.14 はすば歯車のかみあい率

5.6.2 相当平歯車

はすば歯車の歯直角断面では，**図 5.15** のように，基準円は長半径 $a = \dfrac{d_t}{2\cos\beta}$，短半径 $b = \dfrac{d_t}{2}$ の楕円となる．ピッチ点 P における曲率半径 $\rho = \dfrac{a^2}{b} = \dfrac{d_n}{2}$ である．ピッチ点付近では，曲率半径 ρ の仮想の平歯車がかみ

あっていると考え，この仮想平歯車を**相当平歯車**（virtual spur gear）と呼ぶ．この相当平歯車の歯数を z_v とすると，

$$z_v = \frac{d_n}{m_n} = \frac{2a^2}{bm_n} = \frac{d_t}{m_n\cos^2\beta} = \frac{d_t}{m_t\cos^3\beta} = \frac{z}{\cos^3\beta} \tag{5.19}$$

となる．はすば歯車の歯の強度設計を行う場合には，この z_v を用いて，後述する歯の曲げ強度計算式を適用する．

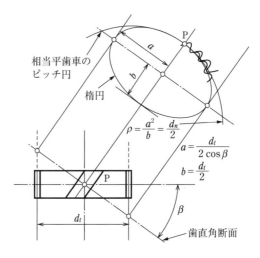

図 5.15　相当平歯車

5.7　歯車の強度設計

　歯車の代表的な損傷には，曲げによる歯元での折損，歯面の接触応力による歯面損傷，およびスカッフィングと呼ばれる歯面の熱的損傷などがあるが，ここでは，歯の曲げ強さと歯面強さ設計法について示す．歯車の強度設計式として，日本歯車工業会（JGMA）の式，アメリカ歯車工業会（AGMA）の式，日本機械学会歯車強さ設計資料の式，ISO 規格など数多く提案されている．

5.7.1　歯に作用する力

　歯の強さは，最も厳しい負荷条件を考えて，一枚の歯だけがかみあっているものとして検討する．

　伝達動力を P〔W〕，基準円の接線方向に作用する力を F_t〔N〕，基準円周速度を v〔m/s〕とすると，

$$F_t = P/v \tag{5.20}$$

である．歯元に作用する応力が最も大きくなるのは，歯先に荷重が作用したときであるので，（実際には複数の歯がかみあっており全荷重が歯先に作用するわけではないが）安全側に考えて全荷重が歯先に作用しているものとする．

5.7.2　歯の曲げ強さ

　歯車の歯は単純な形状ではないので，最も曲げ応力が大きくなる断面（危険断面）がどこかを簡単には決定できない．また，歯車のかみあいも複雑で，同時に複数の歯がかみあうときには，最も曲げ応力が大きくなる負荷が作用する位置（**最悪荷重点**）の決定も容易ではない．このため，危険断面を簡易的に求める方法として，**図 5.16**（a）に示すように歯形に内接する放物線形状の一様強さの片持ちばりとして評価する方法が W.Lewis によって提案された．この方法では，歯先に荷重が作用するとき，その作用線と歯の中心線との交点 A を頂点として，歯元すみ肉部を含む歯形と内接する放物線の接点 B，C を結ぶ断面を**危険断面**（critical section）とする．さらに容易な方法として図 5.16（b）に示すように歯の中心線と 30°をなす直線が歯元すみ肉部と接する点 B，C を結ぶ断面を危険断面とする方法が，H.Hofer により提案された．実際の歯の破断位置にはばらつきが生じるため，上記二方法で求められる危険断面位置には，実用上差はない．

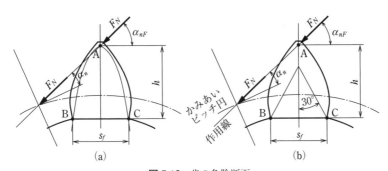

図 5.16　歯の危険断面

　歯面に垂直に作用する荷重 F_N は，歯直角圧力角を α_n とすると，

$$F_N = F_t/\cos \alpha_n \tag{5.21}$$

である．F_N が歯の中心線に垂直な線とのなす角を α_{nF}，はりの高さを h，$\overline{BC} = s_f$ とすると，はりに加わる曲げモーメントは $M = F_N h \cos \alpha_{nF}$，危険断面の断面係数は $Z = b s_f^2/6$ であるので，危険断面における最大曲げ応力 σ_F は

$$\sigma_F = \frac{M}{Z} = \frac{6hF_t \cos\alpha_{nF}}{bs_f{}^2 \cos\alpha_n} = \frac{F_t}{bm_n} Y_F \tag{5.22}$$

である. ここで, b は歯幅, Y_F は**歯形係数**（tooth form factor）と呼ばれ, 次式で与えられる.

$$Y_F = \frac{6hm_n \cos\alpha_{nF}}{s_f{}^2 \cos\alpha_n} \tag{5.23}$$

図 5.17 に歯形係数 Y_F を示す.

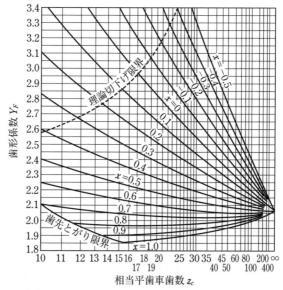

歯直角基準圧力角 $\alpha_n = 20°$, 歯末のたけ $h_h = 1.00\,m_n$,
歯元のたけ $h_f = 1.25\,m_n$, 工具歯先の丸み $r = 0.375\,m_n$

図 5.17 歯形係数 Y_F（出典：JGMA 401-01-1974）

最大曲げ応力 σ_F が歯車材料の許容曲げ応力 $\sigma_{F\lim}$ 以下になるようにすればよいが, 歯の最大曲げ応力 σ_F は歯車の誤差や負荷の変動などによって変化するので, 各種の係数が用意されている. 式 (5.24) は, JGMA の式である.

$$\sigma_F = F_t Y_F Y_\varepsilon Y_\beta K_V K_O S_F / (bm_n) \leqq \sigma_{F\lim} \tag{5.24}$$

ここで, Y_ε：荷重配分係数（2 対かみあい領域での荷重分担を考慮した係数で, 正面かみあい率の逆数で表す）, Y_β：ねじれ角係数（ねじれ角 $\beta > 30°$ の場合

$Y_\beta = 0.75$), K_V：動荷重係数 (**表 5.3**), K_O：過負荷係数 (**表 5.4**), S_F：安全率, $\sigma_{F\lim}$：許容曲げ応力である.

表 5.3 動荷重係数 K_V (出典：JGMA 401 - 01 - 1974)

JIS B 1702による歯車精度等級		基準円上の周速〔m/s〕						
歯　形		1以下	1をこえ3以下	3をこえ5以下	5をこえ8以下	8をこえ12以下	12をこえ18以下	18をこえ25以下
非修整	修整							
	1	－	－	1.0	1.0	1.1	1.2	1.3
1	2	－	1.0	1.05	1.1	1.2	1.3	1.5
2	3	1.0	1.1	1.15	1.2	1.3	1.5	－
3	4	1.0	1.2	1.3	1.4	1.5	－	－
4	－	1.0	1.3	1.4	1.5	－	－	－
5	－	1.1	1.4	1.5	－	－	－	－
6	－	1.2	1.5	－	－	－	－	－

表 5.4 過負荷係数 K_O (出典：JGMA 401 - 01 - 1974)

原動機側からの衝撃	被動機械からの衝撃		
	均一負荷	中程度の衝撃	はげしい衝撃
均一負荷（電動機, タービンおよび油圧モータなど）	1.0	1.25	1.75
軽度の衝撃 （多シリンダ機関）	1.25	1.5	2.0
中程度の衝撃 （単シリンダ機関）	1.5	1.75	2.25

[**例題 5.7**]

　基準圧力角 20°，モジュール 4，歯数 19（相手歯車歯数 42），歯幅 30 mm の非転位平歯車が，伝達動力 10 kW，回転速度 600 rpm で運転されている．歯の最大曲げ応力を求めよ．

[解]

基準円周速度 v は，v = 2.39 m/s，基準円周力 F_t は，F_t = 4.19 kN，図 5.17 より歯形係数 Y_F は，Y_F = 2.86，式（5.22）より σ_F = 99.8 MPa．

各種係数を考慮すると，Y_ε = 1/（かみあい率）= 1/1.633 = 0.612，Y_β = 1，表 5.3 より K_V = 1.0（歯車精度 1 級とする），K_O = 1.0（均一負荷），安全率 S_F = 1.2 とすると，式（5.24）より σ_F = 73.3 MPa．

5.7.3 歯面強さ

歯車の歯面はいわゆる線接触の状態にあり，その際に生じる接触応力が材料の許容限度を超えて繰り返し作用すると**ピッチング**（pitting）や**スポーリング**（spalling）と呼ばれる疲労損傷が生じる．歯面強さの計算では，歯車のかみあいにおける歯面接触をピッチ点で接触する 2 歯面の曲率半径 ρ_1，ρ_2 と等しい曲率半径を有する平行二円筒の接触に置き換えると，**ヘルツの接触応力**（Hertzian stress）σ_{H0} は，

$$\sigma_{H0} = \sqrt{\frac{\dfrac{1}{\pi}\dfrac{F_N}{b}\left(\dfrac{1}{\rho_1}+\dfrac{1}{\rho_2}\right)}{\left(\dfrac{1-\nu_1^2}{E_1}+\dfrac{1-\nu_2^2}{E_2}\right)}} \tag{5.25}$$

ここで b：平行二円筒の接触幅，E_1，E_2：縦弾性係数，ν_1，ν_2：ポアソン比（**表5.5**）．

歯車に対応させ，

$$\rho_1 = \frac{d_1}{2}\sin\alpha, \qquad \rho_2 = \frac{d_2}{2}\sin\alpha, \qquad F_N = F_t/\cos\alpha_n$$

の関係を用いると，ピッチ点での公称ヘルツ応力すなわち σ_{H0} は，

$$\sigma_{H0} = \sqrt{\frac{F_t}{b_H d_1}\frac{i+1}{i}}\, Z_H Z_M \tag{5.26}$$

有効ヘルツ応力 σ_H は，

$$\sigma_H = \sqrt{\frac{F_t}{b_H d_1}\frac{i+1}{i}}\, Z_H Z_M \cdot Z_\varepsilon \sqrt{K_{H\beta}K_V K_O} \cdot S_H \leqq \sigma_{H\lim} \tag{5.27}$$

ここで，b_H：有効歯幅（1 対の歯車で歯幅が異なる場合には狭いほうの歯幅），

d_1：小歯車の基準円直径，i：歯数比（$= z_2/z_1$）である．また，Z_H は領域係数
（式（5.28）），Z_M：材料定数係数（式（5.29）），Z_ε：かみあい率係数（式（5.30）），
$K_{H\beta}$：歯すじ荷重分布係数（**表5.6**），S_H：安全率，$\sigma_{H\lim}$：許容ヘルツ応力である．

$$Z_H = 2\sqrt{\cos\beta_b/\sin(2\alpha_t)} \tag{5.28}$$

$$Z_M = 1/\sqrt{\pi\left[(1-\nu_1{}^2)/E_1 + (1-\nu_2{}^2)/E_2\right]} \tag{5.29}$$

$$Z_\varepsilon = 1 \qquad （平歯車） \tag{5.30a}$$

$$Z_\varepsilon = \sqrt{1 - \varepsilon_b + \varepsilon_b/\varepsilon_a} \qquad （はすば歯車，重なりかみあい率 \varepsilon_b \leqq 1） \tag{5.30b}$$

$$Z_\varepsilon = \sqrt{1/\varepsilon_a} \qquad （はすば歯車，\varepsilon_b > 1） \tag{5.30c}$$

ここで，ε_a：正面かみあい率．

表5.5 材料定数

材　料	縦弾性係数 E〔GPa〕	ポアソン比 ν
構造用鋼 (S*C, SNC, SNCM, SCr, SCM など)	206	0.3
鋳鋼（SC*）	201	0.3

表5.6 歯すじ荷重分布係数 $K_{H\beta}$（出典：JGMA 402-01-1975）

b_H/d_1	歯車の支持方法			
	両端支持			片持ち支持
	両軸受に対称	一方の軸受に近い，軸の剛さ大	一方の軸受に近い，軸の剛さ小	
0.2	1.0	1.0	1.1	1.2
0.4	1.0	1.1	1.3	1.45
0.6	1.05	1.2	1.5	1.65
0.8	1.1	1.3	1.7	1.85
1.0	1.2	1.45	1.85	2.0
1.2	1.3	1.6	2.0	2.15
1.4	1.4	1.8	2.1	–
1.6	1.5	2.05	2.2	–
1.8	1.8	–	–	–
2.0	2.1	–	–	–

表5.7 許容曲げ応力 $\sigma_{F\lim}$ と許容接触応力 $\sigma_{H\lim}$（出典：JGMA 401-01-1974, JGMA 402-01-1975）

材料		歯元中心部又は歯面の硬さ		許容曲げ応力	許容接触応力
		〔HB〕	〔HV〕	$\sigma_{F\lim}$〔MPa〕	$\sigma_{H\lim}$〔MPa〕
構造用炭素鋼	S43C	210	221	226	574
焼入れ焼戻し	S48C	270	284	255	657
構造用合金鋼	SCM440	290	205	324	794
焼入れ焼戻し	SNCM439	340	358	382	868

材料		歯元中心部硬さ〔HB〕	許容曲げ応力 $\sigma_{F\lim}$〔MPa〕	歯面の硬さ〔HV〕	許容接触応力 $\sigma_{H\lim}$〔MPa〕
構造用合金鋼	SCM415	240	373	660	1 350
浸炭焼入れ	有効硬化層深さが比較的浅い場合	300	451	760	1 310
構造用合金鋼	SNC815	280	431	660	1 630
浸炭焼入れ	有効硬化層深さが比較的深い場合	350	500	760	1 510

【例題 5.8】

例題 5.7 の平歯車の有効ヘルツ応力を求めよ．材料は S48C とする．

[解]

$i = 42/19 = 2.211$, $Z_H = 2.49$, $Z_M = 190 \times 10^3$ Pa$^{1/2}$, $Z_\varepsilon = 1$, 表 5.6 より $K_{H\beta} = 1.0$（$b_H/d_1 = 0.395$, 両端支持, 両軸受に対称), 安全率 $S_H = 1.2$ とすると, (5.25) 式より

$$\sigma_H = \sqrt{\frac{F_t}{b_H d_1} \frac{i+1}{i}}\, Z_H Z_M \cdot Z_\varepsilon \sqrt{K_{H\beta} K_V K_O} \cdot S_H$$

$$= \sqrt{\frac{4.19 \times 10^3}{0.03 \times 0.076} \times \frac{2.211+1}{2.211}} \times 2.49 \times 190 \times 10^3 \times 1 \times \sqrt{1 \times 1 \times 1} \times 1.2$$

$$= 927\,\text{MPa}$$

5.8 歯車の寸法管理

設計された通りの歯車が加工できているかどうかを確かめるため，**図 5.18** のように歯車測定機を用いて，歯車の歯形，歯すじ，ピッチなどの歯車精度が測定される．ISO に準拠して 1998 年に改訂された JIS B 1702 の歯車精度規格

には，ピッチ誤差（pitch deviation），歯形誤差（profile deviation），歯すじ誤差（helix deviation），歯溝の振れ（runout）などの個別誤差が規定されている．

図 5.18　歯車測定機による歯車精度の測定
（大阪精密（株）提供）

　一方，歯車の工作中の寸法管理には，普通，歯厚を測定することによって行われる．代表的な方法は**またぎ歯厚法**で，またぎ歯厚（base tangent length）を歯厚マイクロメータで測定する方法である．**図 5.19** のように数枚の歯をまたいで，その寸法を測定する．平歯車において z_m の歯数をまたいだときのまたぎ歯厚の理論値 W（バックラッシのない場合）は次式で求められる．

$$W = m \cos \alpha \{\pi (z_m - 0.5) + z \, inv \, \alpha\} + 2 \, xm \sin \alpha \tag{5.31}$$

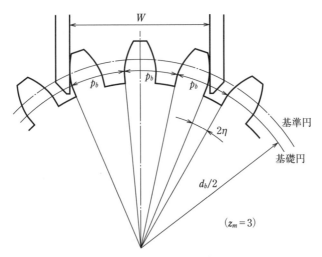

図 5.19　またぎ歯厚の測定

　そのほか，**図 5.20** のように直径上の相対する歯溝にボールまたはピンを挿入して，その外側寸法を測定する**オーバーピン**（over pin diameter）**法**も用い

られる．平歯車における外径 M_d の理論値は，ピンの中心を通るインボリュート曲線を考えることにより，次式のように求められる．

歯数が偶数の場合　　　　　　$M_d = \dfrac{zm \cos \alpha}{\cos \phi} + D_M$　　　　　　(5.32a)

歯数が奇数の場合　　　　　　$M_d = \dfrac{zm \cos \alpha}{\cos \phi} \cos \dfrac{\pi}{2z} + D_M$　　　(5.32b)

ここで，

$$inv \, \phi = \frac{D_M}{zm \cos \alpha} - \left(\frac{\pi}{2z} - inv \, \alpha \right) + \frac{2x \tan \alpha}{z} \tag{5.33}$$

またぎ歯厚法とオーバーピン法のいずれも，理論値と測定値を比較して歯車寸法を評価する．

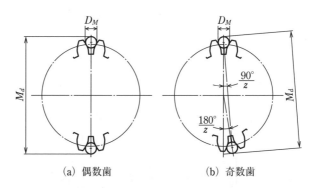

(a) 偶数歯　　　　　　　(b) 奇数歯

図 5.20　オーバーピン外径の測定

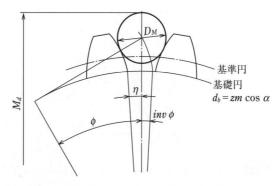

図 5.21　オーバーピン外径の求め方

演習問題

【5.1】 中心距離 100 mm，歯数比 4，モジュール 2，圧力角 20° の非転位平歯車がある．各歯車の歯数，基準円直径，歯先円直径，歯底円直径，基礎円直径，基礎円ピッチ，かみあい率を求めよ．

【5.2】 演習問題【5.1】の歯車対について，歯面のすべり率，すべり速度および歯面の相対曲率半径と作用線上のかみあい始めからの距離の関係を表すグラフを示せ．なお，相対曲率半径 ρ は，小歯車の曲率半径を ρ_1，大歯車の曲率半径を ρ_2 とすると $\dfrac{1}{\rho} = \dfrac{1}{\rho_1} + \dfrac{1}{\rho_2}$ で与えられる．小歯車回転速度 1000 rpm とする．

【5.3】 基準圧力角 20°，モジュール 2，小歯車歯数 35，転位係数 0.3 の平歯車がある．この歯車に歯数 49，転位係数 −0.1 の歯車がかみあう場合の基礎円ピッチ，基礎円直径，かみあい圧力角，かみあいピッチ円直径，歯先円直径，中心距離およびかみあい率を求めよ．バックラッシはないものとする．

【5.4】 基準圧力角 20°，モジュール 3，歯数 12，転位係数 0.83 の平歯車が，歯先とがり限界を超えているかどうか検討せよ．

【5.5】 基準圧力角 20°，モジュール 3，歯数 12 の平歯車が切下げを起こさないための転位係数を求めよ．

【5.6】 歯直角圧力角 20°，歯直角モジュール 4，基礎円筒ねじれ角 20.61°，小歯車歯数 19，大歯車歯数 42，歯幅 40 mm の非転位はすば歯車のかみあい率を求めよ．

【5.7】 基準円直径 160 mm，歯数 40 枚，基準圧力角 20°，歯幅 50 mm の非転位平歯車が 600 rpm で使用される．この歯車の伝達動力を求めよ．材料は S48C とし，曲げについて検討せよ．

【5.8】 伝達動力 50 kW，小歯車回転速度 1 600 rpm，大歯車回転速度 250 rpm の非転位歯車対を設計する．モジュール 5，基準圧力角 20°，小歯車歯数 30 枚，歯車材料 SCM440 ずぶ焼入れの場合，歯幅は何 mm 以上必要か．

【5.9】 またぎ歯厚を求める式（5.31）を導け．

【5.10】 オーバーピン外径を求める式 (5.32a), 式 (5.32b) を導け.

第6章 ベルト・チェーン

6.1 巻掛け伝動装置

巻掛け伝動装置には可撓性のゴムなどを用いた**ベルト**（belt）と**プーリ**（pulley），（ベルト車ともいう）により動力を伝達する**ベルト伝動**（belt drive）と，ピンで連結した金属製のリンクを用いた**チェーン**（chain）と**スプロケット**（sprocket）により動力を伝達する**チェーン伝動**（chain drive）がある．これらはベルトあるいはチェーンを原動車と従動車に巻き掛け，引張力を利用して動力の伝達を行うもので，軸間距離の大きな二軸間の動力伝達ができる特徴がある．

伝動様式により分類すると**図6.1**のようになる．摩擦伝動では，ベルトとプーリ間にすべりがあり，静かで滑らかな運転ができる．かみあい伝動ではすべりはなく確実な伝達ができるが，振動・騒音が問題となる場合がある．

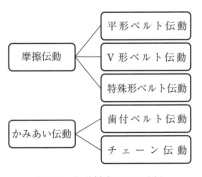

図6.1 伝動様式による分類

6.2 平ベルト伝動

6.2.1 摩擦伝動ベルトの基礎

ベルト伝動では，ベルトとプーリの間に生じる摩擦力を利用して動力を伝動する．**図6.2**のように，ベルトに適正な**初張力**（initial tension）T_0 を与えてプーリに巻き掛けることで，ベルトとプーリの間に押付け力を作用させ運転時に摩擦力を発生させる．摩擦の作用によって，駆動プーリに入る側のベルト張力が増加し，出ていく側のベルト張力は減少する．

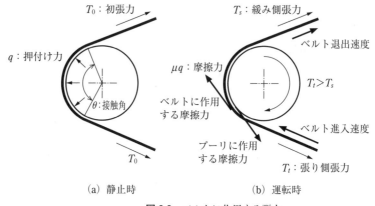

(a) 静止時　　　　　　　　　(b) 運転時

図 6.2 ベルトに作用する張力

一方，被動プーリでは**張り側張力**（tension on tensile side）と**緩み側張力**（tension on slack side）の差により回転モーメント M が作用して被動プーリを回転させる（**図 6.3**）．このときの張り側張力 T_t と緩み側張力 T_s の差を**有効張力**（effective tension）T_e という．プーリの半径，角速度をそれぞれ R, ω とし，ベルト速度を v とすると，得られる回転モーメント M と伝達動力 P はそれぞれ次のようになる．

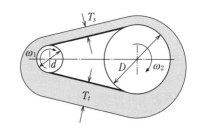

図 6.3 ベルトの張力分布

$$M = (T_t - T_s) R = T_e R \tag{6.1}$$

$$P = M\omega = T_e (R\omega) = T_e v \tag{6.2}$$

回転比（transmission ratio）i は被動・駆動プーリの直径比で，式（6.3）で示される．ここで，D, d, ω_2, ω_1 はそれぞれ被動・駆動プーリの直径，角速度である．張り側張力と緩み側張力によって生ずるベルトの伸び量の差によって，ベルト進入速度とベルト退出速度で速度差ができプーリとベルトの間にすべりが発生する．このすべりのことを**クリーピング作用**（creeping action）といい，実際には角速度比は一定にならない．すべりは普通 1 〜 3% で実用上問題にならず，むしろ過負荷に対して安全に働く．

$$i = \frac{D}{d} = \frac{\omega_1}{\omega_2} \tag{6.3}$$

平形ベルトに作用する張り側張力と緩み側張力の関係を求めるために，**図6.4** のようにベルトをプーリに掛けた状態における微小円弧部分 $rd\theta$ の力のつりあいを考える．プーリを押し付けている力を F とすれば，ベルトにはプーリとの摩擦（摩擦係数を μ とする）により摩擦力が図の時計向きに作用するので，この微小角内でベルト張力はA点よりB点のほうが大きくなる．このとき，ベルトの微小円弧部分の張り側張力を $T + dT$，緩み側張力を T，遠心力を C とすると，半径方向，円周方向の力のつりあい式は次式で示される．

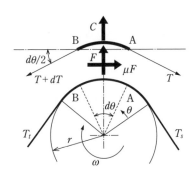

図6.4 ベルトに作用する力

$$
\begin{cases}
F + C = (T + dT)\,\sin\dfrac{d\theta}{2} + T\sin\dfrac{d\theta}{2} \\[2mm]
T\cos\dfrac{d\theta}{2} + \mu F = (T + dT)\,\cos\dfrac{d\theta}{2}
\end{cases}
\tag{6.4}
$$

単位長さ当たりのベルトの質量を m とすれば，力のつりあい式の中の遠心力 C は，

$$C = (mrd\theta)\,r\left(\frac{v}{r}\right)^2 = mv^2\,d\theta \tag{6.5}$$

と表現できる．また，$d\theta$ は微小であるので，

$$\sin\frac{d\theta}{2} \approx \frac{d\theta}{2},\ \ \cos\frac{d\theta}{2} \approx 1,\ \ dTd\theta \approx 0$$

と近似できる．

以上の関係を式 (6.4) に代入すると，力のつりあい式はそれぞれ式 (6.6)，(6.7) となる．

$$
\begin{cases}
F = (T - mv^2)\,d\theta \\[2mm]
\mu F = dT
\end{cases}
\tag{6.6} \tag{6.7}
$$

式（6.6）を式（6.7）に代入し，$d\theta$ をベルトの巻き付け区間 0 から θ で積分すれば張り側張力 T_t と緩み側張力 T_s の関係を示す次式が求まる．

$$\mu d\theta = \frac{dT}{T - mv^2} , \quad \int_0^\theta \mu d\theta = \int_{T_s}^{T_t} \frac{dT}{T - mv^2}$$

$$e^{\mu\theta} = \frac{T_t - mv^2}{T_s - mv^2} \tag{6.9}$$

さらに式（6.9）を整理しなおせば，有効張力 T_e は次のように表現できる．

$$T_e = (T_t - mv^2) \frac{e^{\mu\theta} - 1}{e^{\mu\theta}} \tag{6.10}$$

式（6.2）と式（6.10）から，駆動プーリの伝達動力 P は次式で示される．

$$P = (T_t - mv^2) \frac{e^{\mu\theta} - 1}{e^{\mu\theta}} v \tag{6.11}$$

ここで，**接触角**（angle of contact）θ，（巻掛け角ともいう）と摩擦係数 μ を変化させた場合の $(e^{\mu\theta} - 1)/e^{\mu\theta}$ の値の計算例を**表 6.1** に示す．

表 6.1 $(e^{\mu\theta} - 1)/e^{\mu\theta}$ の値

接触角 θ		$(e^{\mu\theta} - 1)/e^{\mu\theta}$				
〔°〕	〔rad〕	$\mu = 0.1$	$\mu = 0.2$	$\mu = 0.3$	$\mu = 0.4$	$\mu = 0.5$
90	1.571	0.145	0.270	0.376	0.467	0.544
120	2.094	0.189	0.342	0.467	0.567	0.649
150	2.618	0.230	0.408	0.544	0.649	0.730
180	3.142	0.270	0.467	0.610	0.715	0.792

式（6.10），（6.11）から張り側張力 T_t の大きさが同じならば，伝達動力は摩擦係数 μ や接触角 θ が大きいほど大きくなることがわかる．しかし，ベルト速度が大きくなって mv^2 の値が増大すると，ベルトを押し付ける力 F が低下して動力が伝えにくくなることから，駆動可能なベルト速度に限界があることになる．

[例題 6.1]

　ベルトの動力伝達能力はベルト速度によって変化する．このことを念頭に以下の設問に答えよ．

　（1）ベルトが動力を伝達できなくなる速度限界はいくらか．

　（2）ベルトの伝達動力が最大になる速度はいくらか．

[解]

（1）ベルトに作用する遠心力の増大により，有効張力 T_e が低下していく．したがって，有効張力が 0 になる速度が，動力伝達のための速度限界となる．すなわち，式（6.10）から

$$T_e = (T_t - mv^2)\,\frac{e^{\mu\theta} - 1}{e^{\mu\theta}} \geqq 0\ \text{とおいて，速度}\ v\ \text{について解けば}\ v \leqq \sqrt{\frac{T_t}{m}}$$

（2）式（6.11）を速度 v で微分し $dP/dv = 0$ とおけば，伝達動力 P が極大値をとる速度が求まる．すなわち，

$$\frac{d}{dv}\,(T_t v - mv^3)\,\frac{e^{\mu\theta} - 1}{e^{\mu\theta}} = 0\ \text{とおいて，速度}\ v\ \text{について解けば}\ v = \sqrt{\frac{T_t}{3m}}$$

6.2.2　平ベルト

　ベルトには張り側張力に耐え得る引張強度が求められ，運転中ベルトに遠心力が作用することからベルト材質は低密度であることが望ましい．**平ベルト**（flat belt）を，ゴムを主体とし内部は抗張体（張力を支える心線）で強化した環状ベルトとして，高速回転の駆動ができるよう軽量なものとしている．

　最近ではフィルムコア平ベルト，コード平ベルト，積層式平ベルト，単体式平ベルトなどの種類があり，一般に約 10 〜 30 m/s 以下のベルト速度で使用される．

　平ベルトの掛け方として，**平行掛け**（open belting）と**十字掛け**（cross belting）がある（**図 6.5**）．平行掛けの場合，緩み側が上になるようにベルトを掛けると接触角を大きくすることができ伝達動力の増加が望めるので，緩み側を上にする．十字掛けでは，駆動軸と被動軸とで逆転運転ができ，平ベルト

だけの特長である.

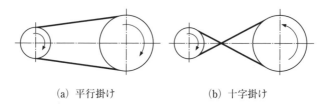

(a) 平行掛け　　　　　　　　(b) 十字掛け

図 6.5　平ベルトの掛け方

6.2.3　平プーリ

　高速運転のときベルトがプーリから外れない
ようにするため,プーリは中央部分を端の部分
より径を大きくした中高(**クラウン**:crown)
のものが使われる(**図 6.6**).

　回転比は一般に 15 以下とし,プーリの材質は
鋳鉄が普通であるが,軽合金や鋼の場合もある.

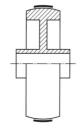

図 6.6　クラウンを設
けた平プーリ

6.2.4　平ベルト伝動装置の設計

(1) ベルトの長さの選定

　平行掛けの場合のベルト長さ L と接触角 θ_1, θ_2 は,軸間距離を a とすれば
図 6.7 に示した幾何学的な関係から以下のように求めることができる.

$$L = (\pi - 2\phi)\,\frac{d}{2} + (\pi + 2\phi)\,\frac{D}{2} + 2a\cos\phi \tag{6.12}$$

ただし, $\phi = \sin^{-1}\left(\dfrac{D-d}{2a}\right)$

$$\theta_1 = \pi - 2\phi,\quad \theta_2 = \pi + 2\phi \tag{6.13}$$

(2) ベルトの所要断面積の検討

　ベルト張力を大きくすれば伝達動力も大きくできるが,当然ベルト強さには
限界がある.このため,ベルト運転中に作用する最大張力である張り側張力
T_t がベルトの許容張力 T_{al} 以下になるようにベルトを選定する.

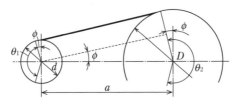

図6.7 平行掛け

[例題 6.2]

軸間距離 a が 2 m で駆動・被動プーリの直径 d, D がそれぞれ 300,
900 mm, 駆動プーリの回転速度 n_1 が 1 500 rpm で, 動力 $P = 1.2$ kW を
伝達する平ベルト伝動装置（平行掛け）について以下の設問に答えよ. た
だし, 平ベルトとプーリの間の摩擦係数 μ を 0.3, ベルトの許容引張応力
σ_{al}, 密度 ρ をそれぞれ 2.5 MPa, 1 000 kg/m^3 とする.

(1) プーリの接触角とベルト長さはそれぞれいくらか.

(2) ベルトの必要断面積はいくらか.

[解]

(1) 式 (6.13) から, $\theta = \pi \pm 2\phi = \pi \pm 2\sin^{-1}\left(\dfrac{D-d}{2a}\right)$

$= \pi \pm 2\sin^{-1}\left(\dfrac{900-300}{2 \times 2\,000}\right) \approx 3.443,\ 2.840$ rad $(197.3,\ 162.7°)$

式 (6.12) から, $L = (\pi - 2\phi)\dfrac{d}{2} + (\pi + 2\phi)\dfrac{D}{2} + 2a\cos\phi$

$= 2.840 \times \dfrac{300}{2} + 3.443 \times \dfrac{900}{2} + 2 \times 2\,000\cos(8.627°) \approx 5\,930$ mm

(2) T_t（張り側張力）$\leqq T_{al}$（許容張力）の関係が満たされるようにベルト断面
積を決定する.

$T_e = (T_t - mv^2)\dfrac{e^{\mu\theta}-1}{e^{\mu\theta}}\cdots$式 (6.10) の中の mv^2 の項は $mv^2 = \rho Av^2$ と表現

できるので,

$$T_t = T_e \frac{e^{\mu\theta}}{e^{\mu\theta}-1} + \rho A v^2 \qquad (1)$$

となる. 一方, ベルト許容張力 T_{al} は,

$$T_{al} = \sigma_{al} A \qquad\qquad (2)$$

となる. 式 (1), (2) より, $T_t < T_{al}$ の関係になくてはならないので,

$$(\sigma_{al} - \rho v^2) A \geq T_e \frac{e^{\mu\theta}}{e^{\mu\theta}-1}$$

上式で, $v = \dfrac{\pi d n_1}{60} \approx 23.56\,\text{m/s}$, $T_e = \dfrac{P}{v} \approx 50.93\,\text{N}$,

$e^{\mu\theta} = e^{0.3 \times 2.840} \approx 2.344$ であることから,

$$A \geq 50.93 \times \frac{2.344}{2.344 - 1} \times \frac{1}{2.5 \times 10^6 - 10^3 \times 23.56^2} \approx 4.57 \times 10^{-5}\,\text{m}^2 \approx 46\,\text{mm}^2$$

6.3 V ベルト伝動

6.3.1 V ベルトの基礎

一本のベルトでより大きな動力を伝達するためには, ベルトとプーリ間に大きな摩擦力を作用させることが必要となる. そこで, ベルトとプーリ溝の形状を**図 6.8** のように V 形にすれば, ベルトとプーリ間の見かけの摩擦係数を高くすることができる.

V 形ベルトを F の力で V プーリの溝の中に押し付けると, くさび作用が生じる.

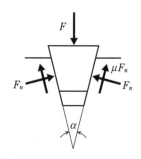

図 6.8 V 形ベルトのくさび作用

図 6.8 に示す力 F と溝の両側面に垂直に働く力 F_n との関係式は力のつりあい式から次式のように表現できる. ここで, μ はベルトとプーリ溝との接触面の摩擦係数, α はプーリの溝の角度である.

$$F = 2\left(F_n \sin \frac{\alpha}{2} + \mu F_n \cos \frac{\alpha}{2}\right) \tag{6.14}$$

V形ベルトがプーリを回転させようとする力Tは摩擦力であるから、ベルトを溝に押し付ける力Fとの関係は次式のようになる.

$$T = 2\mu F_n = \frac{\mu}{\sin \dfrac{\alpha}{2} + \mu\cos \dfrac{\alpha}{2}} F$$

ここで、$T = \mu' F$とおくと、

$$\mu' = \frac{\mu}{\sin \dfrac{\alpha}{2} + \mu\cos \dfrac{\alpha}{2}} \tag{6.15}$$

と表現できる. このμ'を**見かけの摩擦係数**(apparent friction coefficient)という.

したがって、V形ベルトは見かけ上摩擦係数を大きくすることができ、平形ベルトの場合よりも比較的大きな動力伝達が可能となる.

6.3.2 Vベルト

V形ベルトには、**一般用Vベルト**(classical V‑belt)と**細幅Vベルト**(narrow V‑belt)がそれぞれ JIS K 6323,JIS K 6368 に制定されているが、その他に多くのタイプのものが開発されている.

V形ベルトの構成部材は、**図6.9**に示すように張力を支える心線、プーリと心線の力の伝達を行うゴム層、および保護材・補強材としての帆布からなっている. V形ベルトの許容引張力は平形ベルトに比べ大きいが質量が大きくなるので、一般に約 15 m/s 以下のベルト速度で使用される.

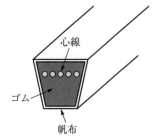

図6.9 V形ベルトの構造
（ラップドVベルト）

一般用Vベルト、細幅Vベルトのくさび角はともに 40° であるが、細幅Vベルトは一般用Vベルトよりも高さに対して幅が小さい断面形状とすることで抗張体に一様な張力が作用するようにしてあり、同じ伝動条件に対して一般用Vベルトよりも小さな断面積のベルトを使用することができる. このことから細幅Vベルトを用いれば、より少ないベル

ト本数で大きな動力を伝達でき，伝動装置を軽量でコンパクトに設計できる.

　一般用Vベルトの種類は，ベルト断面積の大きさの違いにより，M形，A
〜E形があり，E形の断面積が最も大きく，引張強さも大きい．細幅Vベル
トでは3V，5V，8V形があり，8V形の断面積が最も大きい．ただし，一般用V
ベルトと細幅Vベルトとは互換性はなく，3V形の引張強さはAとB形の約中
間であり，5V，8V形はそれぞれCとD形，DとE形の中間程度である．**表
6.2**に細幅Vベルトの断面形状及び基準寸法・機械的性質を示す.

　細幅Vベルトの長さは，有効周長さを用いて示され，その長さは規格によ
り標準化され，有効周長さを1インチ（25.4 mm）で除した値をさらに10倍
したものを呼び番号としている．**表6.3**に細幅Vベルトの呼び番号及び有効
周長さを示す.

表6.2　細幅Vベルトの断面形状及び基準寸法・機械的性質（出典：JIS K 6368 より抜粋）

	種類	b_t 〔mm〕	h 〔mm〕	α_b 〔°〕	1本当たり の引張強さ 〔kN〕	単位長さ当 たりの質量 〔kg/m〕
	3V	9.5	8.0		2.3 以上	0.08
	5V	16.0	13.5	40	5.4 以上	0.2
	8V	25.5	23.0		12.7 以上	0.5

表6.3　細幅Vベルトの有効周長さ（出典：JIS K 6368 より抜粋）

ベルトの 呼び番号	有効周長さ〔mm〕			ベルトの 呼び番号	有効周長さ〔mm〕		
	3V	5V	8V		3V	5V	8V
250	635	−	−	630	1 600	1 600	−
265	673	−	−	670	1 702	1 702	−
280	711	−	−	710	1 803	1 803	−
300	762	−	−	750	1 905	1 905	−
315	800	−	−	800	2 032	2 032	−
335	851	−	−	850	2 159	2 159	−
355	902	−	−	900	2 286	2 286	−
375	953	−	−	950	2 413	2 413	−
400	1 016	−	−	1 000	2 540	2 540	2 540
425	1 080	−	−	1 060	2 692	2 692	2 692
450	1 143	−	−	1 120	2 845	2 845	2 845
475	1 207	−	−	1 180	2 997	2 997	2 997
500	1 270	1 270	−	1 250	3 175	3 175	3 175
530	1 346	1 346	−	1 320	3 353	3 353	3 353
560	1 422	1 422	−	1 400	3 556	3 556	3 556
600	1 524	1 524	−	1 500	−	3 810	3 810

6.3.3 V プーリ

V 形ベルトの規格に応じて，それぞれ一般用 V プーリ（JIS B 1854）と細幅
V プーリ（JIS B 1855）がある．

表 6.4 細幅 V プーリの寸法（出典：JIS B 1855 より抜粋）   単位〔mm〕

3V		5V		8V	
呼び外径 d_e	直径 d_m	呼び外径 d_e	直径 d_m	呼び外径 d_e	直径 d_m
67	65.8	180	177.4	315	310
71	69.8	190	187.4	335	330
75	73.8	200	197.4	355	350
80	78.8	212	209.4	375	370
90	88.8	224	221.4	400	395
100	98.8	236	233.4	425	420
112	110.8	250	247.4	450	445
125	123.8	280	277.4	475	470
140	138.8	315	312.4	500	495
160	158.8	355	352.4	560	555
180	178.8	400	397.4	630	625
200	198.8	450	447.4	710	705
250	248.8	500	497.4	800	795
315	313.8	630	627.4	1 000	995
				1 250	1 245

表 6.5 細幅 V プーリの溝部の形状・寸法（出典：JIS B 1855 より抜粋）

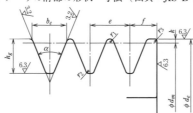

単位〔mm〕

種類	呼び外径 d_e		$\alpha\,[\,^\circ\,]$	b_e	h_g	k	e	f（最小寸法）
3V	67 以上	90 以下	36	8.9	9	0.6	10.3	8.7
	90 を超え	150 以下	38					
	150 を超え	300 以下	40					
	300 を超えるもの		42					
5V	180 以上	250 以下	38	15.2	15	1.3	17.5	12.7
	250 を超え	400 以下	40					
	400 を超えるもの		42					
8V	315 以上	400 以下	38	25.4	25	2.5	28.6	19
	400 を超え	560 以下	40					
	560 を超えるもの		42					

　表6.4に細幅Vプーリの寸法を，表6.5に溝部の形状・寸法を示す．細幅V
プーリでは，溝の幅を与える直径を呼び外径d_eとしている．ベルト長さの計
算は呼び外径で行うが，回転比の計算は溝の
データムである直径d_mで行い，一般に回転比
は10以下とする．

　V形ベルトを輪にすると，図6.10に示すよ
うに内側は周方向に圧縮され断面の寸法の拡
大があり，外側では周方向に引っ張られ断面
の寸法の縮小がある．したがってプーリの溝
の角度は，ベルト屈曲による断面形状変化に
応じプーリ直径が小さくなるほど小さくなっ
ている．

　細幅Vプーリの呼び方は，呼び外径と対応
するVベルトの種類および溝の数によって表す．

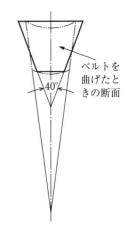

図6.10　ベルト屈曲による
　　　　断面形状変化

6.3.4　細幅Vベルト伝動装置の設計

　被動機の種類，原動機の種類とその定格出力P_N〔kW〕（原動機から長時間安
定して取り出せる動力），回転比i，小プーリ回転速度n_1〔rpm〕，軸間距離C'
が仕様として与えられたとした場合，以下の手順で細幅Vベルト伝動装置の
設計をすすめる．

（1）細幅Vベルトの種類の選定

　原動機の定格出力を負荷動力P_N〔kW〕と考え，設計動力P_d〔kW〕（使用条
件によってVベルトに瞬間的に作用する力を考慮した動力）を次式から決定
する．

$$P_d = P_N \times (K_0 + K_i + K_e) \tag{6.16}$$

　ここで，負荷補正係数K_0は衝撃の度合や負荷変動に対する補正係数で表6.6
を参考にして決める．アイドラ補正係数K_iはアイドラの取付け位置に対する
補正係数で，図6.11を参考にして決める．環境補正係数K_eは使用状況（始動
停止の回数が多い場合や保守点検が容易にできない場合）や設置環境（粉じん，
熱，油類，水などが付着する場合）に対する補正係数で，各々の条件に対して

0.2 を加算する.

表 6.6　負荷補正係数 K_0（出典；JIS K 6368 より抜粋）

ベルトを使用する 機械の一例	原動機					
	出力が定格の 300% 以下のもの			出力が定格の 300% を超えるもの		
	交流電動機 直流電動機（分巻） 2 気筒以上のエンジン			特殊電動機（高トルク） 直流電動機（直巻） 単気筒エンジンなど		
	運転時間			運転時間		
	断続使用 1日, 3~5 時間使用	普通使用 1日, 8~10 時間使用	連続使用 1日, 16~24 時間使用	断続使用 1日, 3~5 時間使用	普通使用 1日, 8~10 時間使用	連続使用 1日, 16~24 時間使用
かくはん機（流体） 送風機(7.5kW 以下) 遠心ポンプ, 遠心圧縮機など	1.0	1.1	1.2	1.1	1.2	1.3
ベルトコンベア(砂, 穀物) 粉練機 送風機(7.5 kW を超えるもの)など	1.1	1.2	1.3	1.2	1.3	1.4
バケットエレベータ 励磁機 往復圧縮機など	1.2	1.3	1.4	1.4	1.5	1.6
クラッシャ ミル(ボール, ロッド) ホイストなど	1.3	1.4	1.5	1.5	1.6	1.8

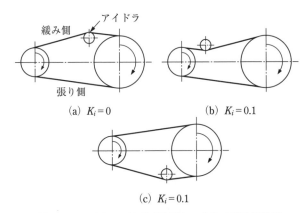

図 6.11　アイドラの取付け位置とアイドラ補正係数 K_i

　求めた設計動力 P_d と小プーリ回転速度 n_1 から**図 6.12** を参照して，細幅 V
ベルトの種類を選定する.

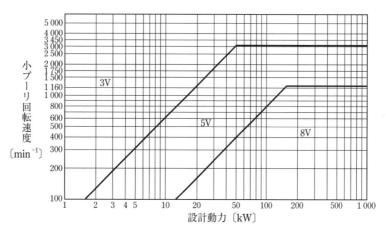

図6.12　細幅Vベルトの種類とその使用範囲（出典：JIS K 6368 より抜粋）

(2)　細幅Vプーリの決定

表6.4 を参照して，規格に定められた最小プーリ径に注意しながら，小プーリの直径 d_m と回転比 i から大プーリの直径 D_m を決定する．

$$i = \frac{D_m}{d_m} = \frac{n_1}{n_2} \tag{6.17}$$

ただし，最高ベルト速度が 40 m/s を超えるようであれば検討しなおす．

(3)　細幅Vベルトの長さの選定と軸間距離の決定

設計当初の軸間距離 C' から、細幅Vベルトの長さ L' を次式により計算し，表6.3 からベルトの呼び番号を決める．ここで，D_e, d_e はそれぞれ大・小プーリの呼び外径である．

$$L' = 2C' + \pi \frac{D_e + d_e}{2} + \frac{(D_e - d_e)^2}{4C'} \tag{6.18}$$

さらに，決定された有効周長さ L に対応する軸間距離 C を再計算する．

$$C = \frac{B + \sqrt{B^2 - 2(D_e - d_e)^2}}{4} \quad \text{ただし，} \quad B = L - \frac{\pi}{2}(D_e + d_e) \tag{6.19}$$

(4)　細幅Vベルトの所要本数の決定

Vベルト屈曲の繰り返しによる疲労や遠心力による影響を考慮して，必要なベルト本数を決定する．

まず，ベルト1本当たりの補正伝動容量 P_c を次式から決定する．

$$P_c = PK_L K_\theta \tag{6.20}$$

ここで，ベルト1本当たりの伝動容量 P は基準伝動容量（接触角 $180°$ で，基準長さのベルトにおける伝動動力）に回転比による付加伝動容量を加えたもので次式により算出される．

$$P = d_{m1}n_1\left[C_1 - \frac{C_2}{d_{m1}} - C_3(d_{m1}n_1)^2 - C_4\log(d_{m1}n_1)\right] + C_2n_1\left(1 - \frac{1}{K_r}\right) \tag{6.21}$$

ここで C_1 から C_4 は基準伝動容量を算出するための定数，回転比による補正係数 K_r は減速に伴うベルト基準伝動容量の補正係数，d_m は小プーリの基準直径である．なお，計算された基準伝動容量と回転比による付加伝動容量の例を**表6.7**に示す．

表6.7 細幅Vベルト1本当たりの伝動容量（出典：JIS K 6368 より抜粋）

小プーリ回転数〔rpm〕		基準伝動容量〔kW〕					回転比による付加伝動容量〔kW〕				
		小プーリの呼び外径 d_e〔mm〕					回転比 i				
		67	80	100	160	200	1.02〜1.05	1.19〜1.26	1.39〜1.57	1.95〜3.38	3.39以上
3 V	725	0.63	0.95	1.43	2.83	3.73	0.01	0.07	0.10	0.12	0.13
	870	0.73	1.10	1.67	3.32	4.38	0.01	0.08	0.12	0.14	0.15
	1 425	1.07	1.66	2.55	5.10	6.70	0.02	0.13	0.19	0.23	0.25
	1 750	1.26	1.96	3.03	6.05	7.91	0.03	0.16	0.23	0.29	0.30
	2 850	1.78	2.86	4.47	8.75	11.09	0.04	0.27	0.38	0.47	0.50
	3 450	2.01	3.28	5.12	9.82	–	0.05	0.33	0.46	0.57	0.60
〔rpm〕		小プーリの呼び外径 d_e〔mm〕					回転比 i				
		180	200	250	315	400	1.02〜1.05	1.19〜1.26	1.39〜1.57	1.95〜3.38	3.39以上
5 V	575	5.36	6.44	9.08	12.43	16.65	0.05	0.31	0.44	0.53	0.57
	725	6.53	7.86	11.10	15.18	20.27	0.06	0.39	0.55	0.67	0.71
	870	7.61	9.17	12.96	17.69	23.52	0.07	0.46	0.66	0.81	0.86
	1 425	11.31	13.65	19.21	25.81	33.17	0.12	0.76	1.08	1.32	1.40
	1 750	13.15	15.86	22.16	29.26	–	0.14	0.93	1.33	1.62	1.72
	2 850	17.31	20.60	–	–	–	0.24	1.52	2.16	2.65	2.80
〔rpm〕		小プーリの呼び外径 d_e〔mm〕					回転比 i				
		315	400	450	500	630	1.02〜1.05	1.19〜1.26	1.39〜1.57	1.95〜3.38	3.39以上
8 V	485	19.26	29.35	35.14	40.82	55.04	0.20	1.32	1.87	2.29	2.43
	575	22.15	33.83	40.49	46.98	63.06	0.24	1.56	2.21	2.71	2.88
	725	26.66	40.75	48.69	56.33	74.78	0.30	1.97	2.79	3.42	3.63
	870	30.61	46.76	55.70	64.18	83.90	0.37	2.36	3.35	4.11	4.35
	1 425	41.78	62.38	72.41	–	–	0.60	3.87	5.49	6.73	7.13
	1 750	44.87	–	–	–	–	0.73	4.75	6.74	8.26	8.75

　長さ補正係数 K_L はベルトの長さに伴うベルト伝動容量の補正係数で，**表6.8**を参考にして決める．　接触角補正係数 K_θ は小プーリの接触角 θ に対するベルト伝動容量の補正係数で次式により計算でき，計算例を**表6.9**に示す．

表6.8　長さ補正係数 K_L （出典：JIS K 6368 より抜粋）

ベルトの	種類			ベルトの	種類		
呼び番号	3V	5V	8V	呼び番号	3V	5V	8V
250	0.83	–	–	630	1.00	0.89	–
265	0.84	–	–	670	1.01	0.90	–
280	0.85	–	–	710	1.02	0.91	–
300	0.86	–	–	750	1.03	0.92	–
315	0.87	–	–	800	1.04	0.93	–
335	0.88	–	–	850	1.06	0.94	–
355	0.89	–	–	900	1.07	0.95	–
375	0.90	–	–	950	1.08	0.96	–
400	0.92	–	–	1 000	1.09	0.96	0.87
425	0.93	–	–	1 060	1.10	0.97	0.88
450	0.94	–	–	1 120	1.11	0.98	0.88
475	0.95	–	–	1 180	1.12	0.99	0.89
500	0.96	0.85	–	1 250	1.13	1.00	0.90
530	0.97	0.86	–	1 320	1.14	1.01	0.91
560	0.98	0.87	–	1 400	1.15	1.02	0.92
600	0.99	0.88	–	1 500	–	1.03	0.93

$$K_\theta = 1.25 \; \frac{e^{0.5123\theta} - 1}{e^{0.5123\theta}} \qquad (6.22)$$

　次に，多本掛けの場合，ベルト掛け本数 Z を次式により決める．この場合，小数点以下の場合は切り上げる．

$$Z = \frac{P_d}{P_c} \qquad (6.23)$$

　運転に際して，アイドラや軸間距離調整装置により適正な初張力をベルトに設定しておく．張力が過小だとプーリとベルトのすべりが大きくなり，反対に過大だと軸・軸受負荷が増加するしプーリ・ベルトの摩耗が増加することになる．

表6.9　接触角補正係数 K_θ
（出典：JIS K 6368 より抜粋）

$\dfrac{D_e - d_e}{C}$	小プーリ側での接触角 θ [°]	K_θ
0.00	180	1.00
0.20	169	0.97
0.40	157	0.94
0.60	145	0.91
0.80	133	0.87
1.00	120	0.82
1.20	106	0.77
1.40	91	0.70
1.50	83	0.65

6.4　歯付ベルト

歯付ベルト伝動装置は，**歯付ベルト**（synchronous belt，タイミングベルトともいう）とこれとかみあう歯付プーリで構成され，かみあい伝動により二つプーリ間で同期伝動できる．歯付ベルト伝動における回転比は，駆動・被動プーリの歯数比で定まる．

特徴は，すべりがなく伝達効率がよい，高速運転が可能で，初張力が小さくてよいことが挙げられ，プリンタなどの精密機器の位置決め，自動車のカムシャフト駆動，一般産業用の高負荷伝動などに利用されている．

歯付ベルトはゴム，ポリウレタン製で，平形ベルトの裏側に一定ピッチの歯を付けたベルトで，いくつかの歯形がある．左右対称の台形状の歯形をもつ一般用歯付ベルトは JIS K 6372 に規定されており，その歯形寸法によって，XL，L，H，XH，XXH の 5 種類が規定されている（**表 6.10**）．またこれに対応する歯付プーリは JIS B 1856 に規定されている．

表 6.10　台形歯付ベルトの歯形寸法（出典：JIS K 6372 より抜粋）

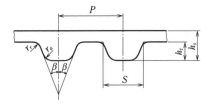

記号	種類				
	XL	L	H	XH	XXH
P〔mm〕	5.080	9.525	12.700	22.225	31.750
2β〔°〕	50	40	40	40	40
S〔mm〕	2.57	4.65	6.12	12.57	19.05
h_t〔mm〕	1.27	1.91	2.29	6.35	9.53
h_s〔mm〕	2.3	3.6	4.3	11.2	15.7

6.5　チェーン伝動

チェーン伝動装置は金属製のリンクをピンで連結したチェーンとスプロケットからなる．伝動用途以外にはつり下げ駆動用途や搬送用途として用いられる．

リンクがピンを中心として曲がることでスプロケットに多角形で巻き付いているため，回転比が変動し，振動・騒音を生じやすく，高速回転の伝動に適さず，一般に 3 m/s 以下の速度で使用される.

チェーンには，ローラのある**ローラチェーン**（roller chain），ローラのないブシュチェーン，リンクの両端外側傾斜面がつねにスプロケットの歯面に密着して動力を伝え静粛な運転ができる**サイレントチェーン**（silent chain）などがある（**図 6.13**）.

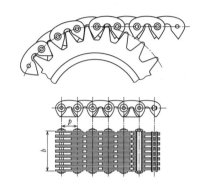

図 6.13 サイレントチェーン

6.5.1 ローラチェーン

ローラチェーンは，**図 6.14** に示す外リンク（ピンリンク）のピンが内リンク（ローラリンク）のブシュの中に入るように交互に入れて環状にしたものである.

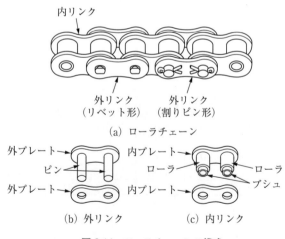

内リンク

外リンク
（リベット形）

外リンク
（割りピン形）

(a) ローラチェーン

外プレート

ピン

外プレート

内プレート

ローラ

内プレート

ローラ

ブシュ

(b) 外リンク

(c) 内リンク

図 6.14 ローラチェーンの構成

チェーンの長さはなるべく偶数リンクになるように切り上げて選定する. 奇数リンクとなる場合は, **図6.15**に示すようなオフセットリンクを使用しなければならない.

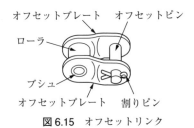

図6.15 オフセットリンク

構成部品の材料は鋼で, 摩耗部品には適正な熱処理を施し硬化させている. ローラチェーンの寿命はピンとブシュとの間の摩耗が大きく影響するので, チェーンへの定期的な給油が必要となる.

伝動用ローラチェーンは, 日本, アメリカで主に用いられるA系とヨーロッパで主に用いられるB系がJIS B 1801に制定されている. 呼び番号はピッチを3.175 mm (1/8インチ) で除した値に, 構造を示す1けたの数字を末尾に付ける (**表6.11**).

表6.11 A系チェーンの寸法
（出典：JIS B 1801 より抜粋）

呼び番号	ピッチ〔mm〕	構造
25 （04C）	6.35	ブシュチェーン
35 （06C）	9.525	
41 （085）	12.70	ローラチェーン
40 （08A）	12.70	
50 （10A）	15.875	
60 （12A）	19.05	
80 （16A）	25.40	
100 （20A）	31.75	
120 （24A）	38.10	
140 （28A）	44.45	
160 （32A）	50.80	
180 （36A）	57.15	
200 （40A）	63.50	
240 （48A）	76.20	

括弧内の呼び番号はISOによるもの

6.5.2 スプロケット

スプロケット (sprocket) はチェーンを巻き付ける車で鋼, 鍛鋼, 鋳鉄などを用いて製作され, チェーンを引っ掛けるための歯が付いている (**図6.16**).

回転比 i は, 駆動スプロケットの歯数 z_1 と被動スプロケットの歯数 z_2 から決まる. 一般には回転比8以下とする.

$$i = \frac{z_2}{z_1} \quad (6.24)$$

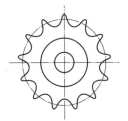
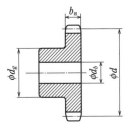

図6.16 スプロケット

　チェーンがスプロケットに巻き付いた
とき，ピンの中心を通る円をピッチ円と
呼ぶ．ピッチ円直径 d は，ピッチを p，
歯数を z とすると次式によって求まる
（**図 6.17**）．

$$d = \frac{p}{\sin \dfrac{\pi}{z}} \qquad (6.25)$$

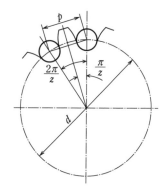

図 6.17　スプロケットのピッチ円

　チェーンは各リンクを 1 辺とする多角
形状にスプロケットに巻き付けられなが
ら進むので，スプロケットの角速度 ω が
一定であってもチェーン速度は周期的
に変動する（**図 6.18**）．したがって，
ピッチを小さくするか歯数を大きくす
れば周期的な速度変動は小さくなる．な
お，チェーンの平均速度 v_m はスプロ
ケットの回転速度 n〔rpm〕とすると次
式によって求まる．

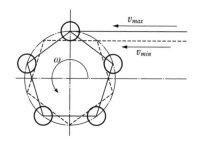

図 6.18　チェーンの速度変動

$$v_m = \frac{pzn}{60} \qquad (6.26)$$

　スプロケットの呼び番号はローラチェーンの呼び番号と同じ（数字の部分が
共通）ローラチェーン用スプロケットの基準歯形は，チェーンと干渉しない歯
形とし，U 歯形と S 歯形がある．

6.5.3　ローラチェーン伝動装置の設計

(1)　スプロケットの選定

　回転比 i（8 以下）に駆動スプロケットの歯数 z_1（17 枚以上）を乗じて被動
スプロケットの歯数 z_2 を決める．

$$z_2 = iz_1 \qquad (6.27)$$

(2)　チェーンの長さ

おおよその軸間距離 a_0 からリンクの数 X_0 を式によって求め，結果を偶数に切り上げて，次式によりチェーンの長さ L を決める．ここで，ピッチ p を運転速度とスプロケット歯数を考慮して決める．また，チェーンの長さ L は一般にピッチの $30 \sim 50$ 倍が適当であるとされる．

$$X_0 = \frac{2a_0}{p} + \frac{z_1 + z_2}{2} + p \frac{\left(\frac{z_2 - z_1}{2\pi}\right)^2}{a_0} \tag{6.28}$$

チェーンの長さ L から，正確な軸間距離 a を次式により計算して決める．

$$a = p \frac{B + \sqrt{B^2 - 2\left(\frac{z_2 - z_1}{\pi}\right)^2}}{4} \quad \text{ただし，} \quad B = X_0 - \frac{z_1 + z_2}{2} \tag{6.29}$$

チェーンを水平に巻き付けた場合には，チェーンがスプロケットから離れにくくなることを避けるため，チェーンの張り側を上にして，スプロケットに巻き掛ける（**図6.19**）．また，防塵対策と安全対策のため，全体をカバーで覆う．

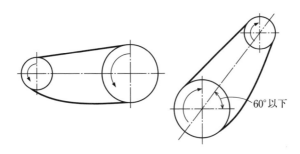

図6.19 チェーンのレイアウト

演習問題

【6.1】 プーリの外径がそれぞれ 400 mm，250 mm でそれらの軸間距離が 2 000 mm のとき，平行掛けと十字掛けの場合のベルトの長さを求めよ．

【6.2】 平行掛けされた平ベルト伝動装置で，駆動プーリの直径が 800 mm，回転速度が 1 800 rpm，ベルトの張り側張力が 3 kN，緩み側張力が 1.5 kN であるときの伝達動力はいくらか．

【6.3】 直径 250 mm のベルト車に厚さ 7 mm，幅 50 mm の平ベルトを接触角 140° で巻き掛け，張り側張力を許容値まで上げて，回転速度 1 750 rpm で駆動する．このときの伝達動力を求めよ．ただし，ベルトの密度を 1 000 kg/m³ とし，ベルトの許容引張応力は 2.5 MPa，ベルトとベルト車との摩擦係数を 0.25 とする．

【6.4】 3V 形の細幅 V プーリの溝の角度が 38°，ベルトとプーリ間の摩擦係数が 0.40 であるとき，見かけの摩擦係数を求めよ．

【6.5】 回転速度 1 000 rpm で回転する遠心ポンプがある．これを駆動するため交流モータ（最大出力が定格の 300% 以下のもので，定格出力は 22 kW，回転速度 1 425 rpm）が発生する動力を細幅 V ベルトで伝達したい．軸間距離が約 1 050 mm のとき細幅 V ベルトと V プーリを決定せよ．ただし，小プーリは外径 180 mm のものを使用するとする．また，アイドラは使用せず，保守点検が容易で設置環境も良好であるとする．

【6.6】 回転比 2，軸間距離が約 1 000 mm のローラチェーン伝動装置で，歯数 17 の駆動スプロケットに，呼び番号 80 のローラチェーンを掛けることにする．このときのチェーンのリンク数，正確な軸間距離を求めよ．

第7章 クラッチ・ブレーキ

7.1 動力制御要素

クラッチ（clutch）は，駆動軸側の回転を止めずに被動軸側への動力伝達を断続する機械要素である．**ブレーキ**（brake）は，動力を吸収して熱などの他のエネルギーに変換することで回転を制動する機械要素である．クラッチやブレーキの構造・形式は様々だが，摩擦式のものが多い．また，**つめ車**（claw and ratchet wheel）は，間欠的伝動，逆転止めに用いられる機械要素である．

これらの機械要素はいずれも動力制御要素として働き，機械の高出力化，高性能化が進む中，その役割の重要性が改めて見直されている．

7.2 クラッチ

クラッチを動力断続の方法により分類すると（1）つめのかみあわせで動力を伝達するかみあいクラッチ，（2）摩擦面を互いに押し付けて，摩擦力によって動力を伝達する摩擦クラッチ，（3）鉄粉などの粉体との摩擦を用いた電磁パウダクラッチなどがある．また作動方式により分類すると，機械式，電磁式，油圧式，空圧式に分類できる（図7.1）．

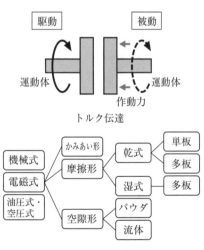

図7.1 クラッチの機能と種類

7.2.1 かみあいクラッチ

かみあいクラッチ（positive clutch）は対向するフランジにつめを付け，つ

めをかみあわせて動力を伝達する
クラッチで，**確動クラッチ**とも呼
ばれる．

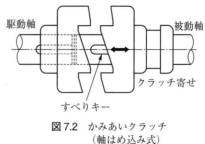

図7.2　かみあいクラッチ
　　　（軸はめ込み式）

　駆動軸側フランジは軸に固定さ
れ，被動軸側フランジはすべり
キー（あるいはスプライン溝）で
軸上を移動できる構造になってお
り，操作レバーとクラッチ寄せで
被動軸側フランジを軸方向に移動させて被動・駆動軸側フランジのつめを抜き
差しすることで動力の断続を行う．このとき軸心を一致させるため，軸を相手
のボスにはめ込む方式や中間軸を入れる方式がある（**図 7.2**）．

　また，かみあい歯形には，**図 7.3** に示すように両方向かみあいができる（a）
三角形，（b）角形，（c）台形と，片方向かみあいのみができる（d）スパイラ
ル形，（e）のこ歯形がある．

　つめがかみあうことで確実に動力を伝えることができるが，高速では連結で
きずクラッチ操作は，回転軸の停止中か低速運転時に行う必要がある．

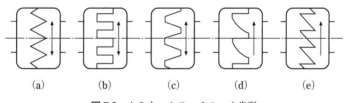

　　(a)　　　　　(b)　　　　　(c)　　　　　(d)　　　　　(e)

図7.3　かみあいクラッチのつめ歯形

7.2.2　摩擦クラッチ

　摩擦クラッチ（friction clutch）は摩擦面を互いに押し付け，発生する摩擦力
により動力の伝達を行うクラッチである．特徴は，動力源を止めることなく，
被動軸側への運動や動力の伝達を断続することができ，起動時や変速時に摩擦
面ですべりを起こしながら被動軸は駆動軸の回転に近づくので滑らかな動力伝
達ができる．また，負荷が摩擦面のもつ静摩擦トルク（最大トルク）を超えた
ときにもすべりが生じて伝達を断つため過負荷に対して安全な運転ができる．

摩擦面の形状から円板クラッチ，円すいクラッチがある．

（1）円板クラッチ

大きい動力の断続には多板式（**図7.4**）が，比較的小さい動力の断続には単板式（**図7.5**）が用いられる．また，トルク伝達部が乾燥状態である乾式と，油による湿潤状態である湿式とがある．高速・高荷重，高頻度の断続が要求されるクラッチに湿式が多く使用され，摩擦係数は乾式と比べ1/3程度に低下するが，運転温度が低く，摩耗も小さく長寿命である．

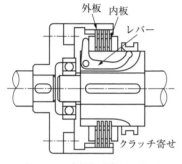

図7.4　湿式機械式多板クラッチ

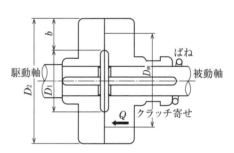

図7.5　円板クラッチ

摩擦クラッチでは確実で円滑なトルクの断続が求められるが，すべりにより摩擦面に摩耗や焼損が発生する場合がある．このため摩擦材には，摩耗しにくく耐荷重性，耐熱性が高いこと，作動中の摩擦係数が一定で高いことが求められる．乾式摩擦材には，金属材料やレジンモールド系材料などが，湿式摩擦材には，焼結合金，コルクやセルロース系ペーパなどが用いられる（**表7.1**）．

表7.1　主な摩擦材料の性質

摩擦材料	摩擦係数　μ		許容圧力 p_{al}〔MPa〕	最高使用温度 〔℃〕
	湿式	乾式		
鋳鉄	$0.05 \sim 0.12$	$0.12 \sim 0.2$	$1 \sim 1.7$	300
青銅	$0.05 \sim 0.1$	$0.1 \sim 0.2$	$0.4 \sim 0.8$	150
焼入鋼*	$0.05 \sim 0.07$	－	$0.7 \sim 1$	250
焼結金属	$0.05 \sim 0.1$	$0.1 \sim 0.4$	1	500

相手材は鋳鉄または鋳鋼　＊印のみ焼入鋼

円板クラッチ（disk clutch）では，回転円板正面の接触で動力を伝達するの

で，つねにクラッチ板を押し付けあうことが必要となる.

　摩擦面の押し付け圧力が材料の許容面圧を超えないように設計することが求められる. 摩擦面積 A, 摩擦材の許容面圧 p_{al} とすると，作動力（押し込み力）Q は次式で求まる.

$$Q \leqq A p_{al} \tag{7.1}$$

　一方，摩擦面に一様に面圧が作用するとした場合，摩擦面の摩擦係数を μ, クラッチ摩擦面の数を N_p（単板式では 1），円板摩擦面の外径 D_2 と内径 D_1 との平均（摩擦）直径を D_m とすると伝達トルク T は次式で表現できる.

$$T = N_p f \frac{D_m}{2} = N_p \mu Q \frac{D_m}{2} \tag{7.2}$$

　式（7.1）を式（7.2）に代入すると，得られるトルク伝達容量は次式によって制限されることになる.

$$T \leqq N_p \mu (A p_{al}) \frac{D_m}{2} \tag{7.3}$$

[例題 7.1]

　回転速度 $n = 1\,400$ rpm で $P = 2.2$ kW の動力を出力するエンジンの動力を，円板クラッチ（単板）を用いて従動軸に伝達したい. 摩擦板の内外径をそれぞれ $D_1 = 200$ mm, $D_2 = 300$ mm とし，摩擦面の摩擦係数 $\mu = 0.25$ としたとき，必要な作動力 Q を求めよ. また，このときの接触面の押し付け圧 p はいくらか.

[解]

$P = T\omega = T \dfrac{2\pi n}{60}$ より，駆動トルクは，$T = \dfrac{60P}{2\pi n} = \dfrac{60 \times 2.2 \times 10^3}{2\pi \times 1\,400} \approx 15\,\mathrm{N \cdot m}$

$T \leqq \mu Q \times \dfrac{D_m}{2}$ から必要な作動力は，

$$Q \geqq \frac{2T}{\mu D_m} = \frac{4T}{\mu(D_2 + D_1)} = \frac{4 \times 15}{0.25 \times (0.300 + 0.200)} = 480\,\mathrm{N}$$

また，このときの押し付け圧は，$Q = Ap = \dfrac{\pi(D_2{}^2 - D_1{}^2)}{4}\,p$ から，

$$p = \frac{4}{\pi(D_2^2 - D_1^2)} \; Q = \frac{4}{\pi(0.300^2 - 0.200^2)} \times 480 \approx 12.2 \,\mathrm{kPa} \; となる.$$

（2）円すいクラッチ

円すいクラッチ（cone clutch）は単板式円板クラッチの摩擦面を円すい状にしたもので，くさび効果により摩擦面に大きな垂直抗力 F を発生させることができ，単板式円板クラッチに比べて，小さな作動力で大きな動力の伝達が可能となる.

図 7.6 から，摩擦面の軸方向の力のつりあいから，垂直抗力 F, 伝達トルク T はそれぞれ次式で求まる．ここで，円すい角の半分の角度を β, クラッチ作動力を Q, 摩擦面の摩擦係数を μ とする.

$$Q = F \sin\beta + \mu F \cos\beta$$

$$F = \frac{Q}{\sin\beta + \mu\cos\beta} \tag{7.4}$$

$$T = \mu F \frac{D_m}{2}$$

$$= \mu \frac{Q}{\sin\beta + \mu\cos\beta} \frac{D_m}{2} \tag{7.5}$$

また，円すい面が押し付けられると自己保持性をもち，クラッチを切断しにくくなるので，一般に β は 10° から 15° 程度とする.

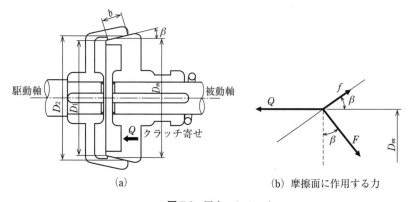

図 7.6 円すいクラッチ

7.2.3　自動クラッチ

(1) 電磁パウダクラッチ

電磁パウダクラッチ（electromagnetic powder clutch）は，流体クラッチの流体の代わりに，磁性粉体を用いたものである．わずかなすきまで対向させた 1 対の円板の間に磁性体の粉を入れておき，これらに磁力を作用させて回転を伝える構造となっている（**図 7.7**）.

(2) 一方向クラッチ

一方向クラッチ（one way clutch）は，一定方向にだけ動力を伝達するクラッチである．

原動節と従動節の間につめ状の斜面をもたせ，この斜面の谷に当たる部分にローラを入れておく．**図 7.8** で原動節が左回転するとローラは斜面と従動節の間に挟まって原動節の回転が従動節に伝えられる．原動節が逆に回転した場合はローラが谷の部分で空回りをして従動節への回転の伝達は行われない．

(3) 遠心クラッチ

遠心クラッチ（centrifugal clutch）はある回転速度を超えると遠心ごまに作用する遠心力で，摩擦面同士が接触することにより，原動側と従動側が自動的に連結されるクラッチである（**図 7.9**）.

原動側の回転速度が低下すると戻しばねにより遠心ごまが引き戻されて伝達が断たれる．主に車や自動二輪に用い

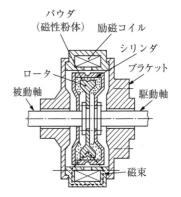

図 7.7　電磁パウダクラッチ

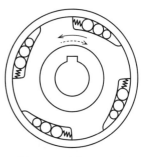

図 7.8　一方向クラッチ

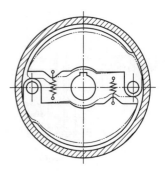

図 7.9　遠心クラッチ

られている.

7.3 ブレーキ

ブレーキドラム（brake drum）や
ディスク（brake disk）に，摩擦材に
ライニングを施した**ブレーキ片**（brake
shoe）を押し当てる摩擦式のブレー
キが大部分で，産業機械，交通機械な
どに広く用いられる．その他の方式の
ブレーキとしては，回生ブレーキ，空
力ブレーキ（流体抵抗式）などがある
（図7.10）.

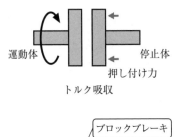

摩擦式ブレーキを構造から分類する
と，ドラム式（ブロック式，内拡式，

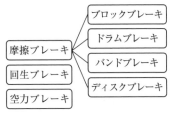

図7.10 ブレーキの機能と種類

バンド式），ディスク式などがある．作動方式により分類すると，機械力ブ
レーキ，油・空圧ブレーキ，電磁ブレーキなどに分類でき，ブレーキ装置は小
さい操作力で大きなブレーキ力（摩擦力）が得られる機構を有している．

制動によって発生する摩擦熱により摩擦面の温度は高温になる．このため摩
擦材は耐摩耗性・耐荷重性とともに耐熱性が高く，熱伝導率が大きく冷却しや
すいこと，摩擦係数が大きくその値が温度などの環境に対し安定していること
が求められる．摩擦材としては，鋳鉄，焼結金属，青銅，ペーパ，有機材料な
ど，相手材としては，鋳鉄，鋳鋼，鋼などが一般的に採用される（表7.1）.

摩擦係数は面の状態，温度，圧力，速度などにより変化し，摩耗は一般に温
度が高くなると急増する．ブレーキの発熱が過大であったり，放熱が不十分で
あったりすると摩擦面に摩耗や焼損が発生する場合がある．摩擦面の摩擦係数
μ，面圧 p，すべり速度 v を掛け合わせた値 μpv は，単位面積当たりの摩擦動
力を示し，**ブレーキ容量**（brake capacity）と呼ばれる．この値が許容される
値よりも大きいと放熱不十分となり，摩擦面の摩耗や損傷が激しくなるので，
このブレーキ容量を制限して設計することが求められる（**表7.2**）.

したがって，許容ブレーキ圧力とブレーキ容量の両方を満足するように摩擦

材やその摩擦面積を決める必要がある.

まず摩擦材の強度から,摩擦面の面圧 p が材料の許容ブレーキ圧力 p_{al} を超えないように設計することが求められる.摩擦面積を A とすれば,押し付け力 F は次式で求まる.

表 7.2　ブレーキ容量

使用条件	ブレーキ容量 $\mu p v$〔MPa m/s〕
使用頻度の激しい場合	0.6 以下
使用頻度の低い場合	1 以下
放熱のよい場合	3 以下

$$F \leqq p_{al}A \tag{7.6}$$

摩擦面の摩耗や損傷から,次式のようにブレーキ容量が制限される.

$$\mu p v \leqq \mu p_{al} v \tag{7.7}$$

このとき得られるブレーキ力 f の大きさも次式のように制限されることになる.

$$f = \mu F \leqq \mu(p_{al}A) \tag{7.8}$$

7.3.1　ブロックブレーキ

ブレーキドラムにブロック状のブレーキブロックを押し付けて制動するブレーキを**ブロックブレーキ**（block brake）という.単ブロックブレーキは,**図 7.11** に示すように一つのブロックをもち,てこ比 a/b のレバーにより操作力 F_h を拡大し,大きなブレーキ力 f とする構造をもつ.

単ブロックブレーキのブレーキドラムの直径を D,ブレーキブロックに作用するブレーキ力 f,押し付け力 F とすると,得られるブレーキトルク T は次式で示される.

$$T = f\frac{D}{2} = \mu F\frac{D}{2} \tag{7.9}$$

てこの支点（ピン）O が図の（1）の位

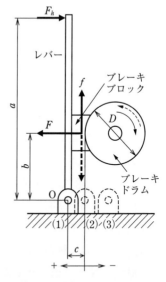

図 7.11　単ブロックブレーキ

置にある形式のブロックブレーキの場合,支点回りのモーメントのつりあい式,つりあい式から求まる押し付け力 F とブレーキ力 f はそれぞれ次式となる.ただし,式中の複号は,ブレーキドラムが図の時計方向に回転するときを +,反

時計方向に回転するときを－にとることを意味する.

$$bF - aF_h \pm c\mu F = 0, \qquad F = \frac{a}{b \pm \mu c} F_h \tag{7.10}$$

$$f = \mu F = \mu \frac{a}{b \pm \mu c} F_h \tag{7.11}$$

ブレーキ力 f（出力）とブレーキの操作力 F_h（入力）との比，**ブレーキ効力係数**（BEF：Brake Effectiveness Factor）で式（7.11）を表現しなおすと，次式の形で示される.

$$BEF = \frac{f}{F_h} = \mu \frac{F}{F_h} = \mu \frac{a}{b \pm \mu c} \tag{7.12}$$

つまり，同じ操作力 F_h を与えてもドラムの回転方向によって得られるブレーキ力は異なることになる．特に，ブレーキドラムが図の反時計方向に回転し，$b - \mu c \le 0$ のとき，押し付け力 F は負の力になる．すなわち，この状態ではブレーキとして機能せず回転止めの機能を有することになる．また，支点を図の（2），（3）の位置に変えても操作力の拡大率が異なる.

大きなブレーキ力が求められるブレーキ装置では，ブレーキドラムを挟んで二つのブロックを対向させた複ブロックブレーキとする（**図7.12**）.

複ブロックブレーキでは押し付け力によるドラム軸の曲げや軸受荷重の軽減に有利となり，ウィンチ，クレーンや鉄道車両などに用いられる．また，レバーを同時に作動させるのにリンク機構が多く用いられる.

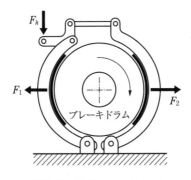

図7.12　複ブロックブレーキ

[例題 7.2]

　単ブロックブレーキにおいて，回転速度 n = 60 rpm で回転する直径 D = 500 mm のブレーキドラムに，ブレーキブロックを F = 400 N で押し付けるとする．ブロックの長さ h を 40 mm としたときブロックの幅 b をいくらにすればよいか．ただし，摩擦係数 μ = 0.15，許容ブレーキ圧力 p_{al} = 1.25 MPa とする．

[解]

　摩擦面の面圧が材料の許容ブレーキ圧力 p_{al} を超えないようにブレーキブロックの摩擦面積 A （= bh）を決定する．すなわち，

　式（7.6）から，$A = \dfrac{F}{p_{al}}$

$$A = bh = \frac{400}{1.25 \times 10^{6}} = 320 \times 10^{-6}\,\text{m}^2 \quad \therefore b = \frac{320 \times 10^{-6}}{40 \times 10^{-3}} = 8 \times 10^{-3}\text{m}$$

このときのブレーキ容量は，

$$\mu p_{al} v = \mu p_{al} \frac{\pi D n}{60} = 0.15 \times 1.25 \times \frac{\pi \times 0.500 \times 60}{60} \approx 0.30\,\text{MPa·m/s}$$

　したがって，求めたブレーキ容量は表7.2の値を満たしており，摩擦熱に対して安全であるといえる．

7.3.2　ドラムブレーキ

　ドラムブレーキ（drum brake）は，複ブロックブレーキを回転ドラム内に組み込んだ構造で，回転するドラム内側に拡張式のシューを設けて摩擦材を押し付けてブレーキ力を発生させる．

　ドラムブレーキは小型にまとまるが，ドラム内部に摩擦材があるため放熱性に注意が必要となる．乗用車，バイクの後輪など取付け部分の制約された場所に用いられる．

　図7.13 のようにドラムの回転方向に対し，てこの作用点がシューのアンカーピン O（てこの支点となるピン）よりも手前になる側のブレーキシューを

リーディングシュー（leading shoe），他方のブレーキシューをトレーリング
シュー（trailing shoe）と呼ぶ．

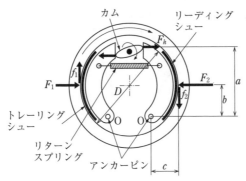

図7.13 ドラムブレーキ（カム式）

リーディングシューではドラムの回転方向と同じ方向に摩擦力が作動し，
シュー自体への駆動モーメント（$F_h \times a$）と，ドラムに接触して発生する摩擦
モーメント（$f_2 \times c$）が同じ方向に加わる．このことで，ドラムに引き込まれ
る力が発生し，自己サーボ効果（自己倍力効果）により強いブレーキ力f_2を
生み出すことができる．

すなわち，トレーリングシュー，リーディングシューのブレーキ力f_1, f_2は
それぞれ次式のようになり，$f_1 < f_2$の関係となる．

$$f_1 = \mu \frac{a}{b + \mu c} F_h, \ f_2 = \mu \frac{a}{b - \mu c} F_h \tag{7.13}$$

また，得られるブレーキトルク T の大きさは次式で求まる．

$$T = (f_1 + f_2) \frac{D}{2} = \frac{\mu a b F_h D}{(b + \mu c)(b - \mu c)} \tag{7.14}$$

7.3.3 バンドブレーキ

バンドブレーキ（band brake）はドラムの外周をバンドと呼ばれる帯（摩擦
材を裏打ちした鋼製ベルト）に張力を与えて制動するブレーキ（**図7.14**）で，
ブロックブレーキに比べ2～3倍のブレーキ力を発生する．高速で用いると安
定性に乏しいので，低速・高負荷のものに適用する．産業機械のほか自動車の

駐車ブレーキなどに用いられる.

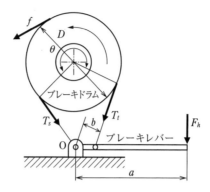

図 7.14 バンドブレーキ (単式)

バンドの張り側張力を T_t, 緩み側張力を T_s とすると, バンドに作用するブレーキ力 f は $T_t - T_s$ であり, 式 (6.10) で, $v = 0$ とおけば,

$$f = T_t \frac{e^{\mu\theta} - 1}{e^{\mu\theta}} \tag{7.15}$$

となる. ここで, μ は摩擦係数, θ は接触角である.

支点回りのモーメントのつりあい式から, ブレーキ力 f, ブレーキトルク T は次式で求まる.

$$T_t b = F_h a \tag{7.16}$$

$$f = \frac{a}{b} \frac{e^{\mu\theta} - 1}{e^{\mu\theta}} F_h, \quad T = f \frac{D}{2} \tag{7.17}$$

7.3.4 ディスクブレーキ

ディスクブレーキ (disk brake) はハブに付けた円板 (ディスクまたはロータ) を一対のパッド (ブレーキ片) で締め付けて制動するブレーキである (図 **7.15**). 構造が簡単で, 摩擦材の交換が容易なことから自動車用などに採用される.

ディスクブレーキの構造上, パッドの断面積が小さく摩擦面が直接外気に露出しているため, 放熱性がよく, 安定したブレーキ力が得られる. 水をかぶった場合に即座に水滴を飛散させて, 元の状態に戻るのでブレーキ力の回復が早い.

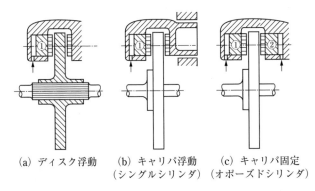

(a) ディスク浮動　　(b) キャリパ浮動　　(c) キャリパ固定
　　　　　　　　　　（シングルシリンダ）　（オポーズドシリンダ）

図 7.15　ディスクブレーキの形式

7.4　つめ車

　つめ車（ratchet wheel）は非対称な歯を持ち，つめ車をばねなどで押え付けられた**つめ**（claw）とかみあわせて小刻みな間欠的伝動を行ったり，逆転防止に使用したりする．一方向への回転を伝える用途として送りつめがあり，自転車，レンチ，ジャッキなどに使われている．また，負荷に逆らって逆転させない用途として押えつめがある．

　逆転なしで軸を一方向に回転させる用途としては，手動のウィンチやクレーンのような装置などに使われている．

　図 7.16 に示す機構は，クランク b が回転運動するとレバー d が揺動運動し，送りつめ e がつめ車 f に間欠運動を与える**ラチェット機構**（ratchet mechanism）である．押えつめ g は，送りつめ e がつめ車 f の歯を一枚送って戻る間，つめ車 f の逆転を防止している．

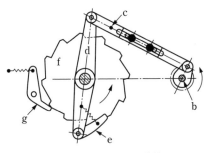

図 7.16　ラチェット機構

押えがなくても，つめがつめ車
の歯からはずれずに力の伝達が確
実になされる条件を考える．**図
7.17** において，つめの支点 O_2 回
りのモーメントのつりあい式は，

$$P'c - \mu P'a > 0$$

$$\frac{c}{a} = \tan \theta > \mu \qquad (7.18)$$

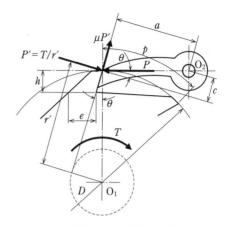

となる．すなわち，角度 θ をつ
めとつめ車の歯との接触面の摩擦
角より大きくなるよう，歯の内壁
面を内側に傾斜させればよいことになる．

図 7.17　つめとつめ車

つめ車の歯先に作用する円周力 P，歯元に作用する曲げ応力 σ_b はそれぞれ
次式により求まる．ここで，伝達トルク，つめ車外径をそれぞれ T，D とし，
歯の幅，歯元の厚さ，歯の高さをそれぞれ b，e，h とする．

$$P = \frac{2T}{D} \qquad (7.19)$$

$$\sigma_b = \frac{6Ph}{be^2} \qquad (7.20)$$

歯元の厚さ e，歯の高さ h と歯のピッチ p の関係はおおよそ次式のようにとる．

$$e \approx 0.5p, \quad h \approx 0.35p \qquad (7.21)$$

また，歯のピッチ p は歯数 z，モジュール m とすれば次式のように求まる．

$$p = \frac{D\pi}{z} = m\pi \qquad (7.22)$$

ただし，$m = \dfrac{D}{z}$ とする．

演習問題

【7.1】 単板クラッチで,接触面の内径 180 mm,外径 250 mm,摩擦係数 0.40,許容接触圧力 0.35 MPa とするとき,1 000 rpm の回転速度で伝達できる動力はいくらか.

【7.2】 回転速度 120 rpm で 16 kW の動力を伝える軸に取り付ける円板クラッチ(単板)の摩擦面の幅を 60 mm とすれば,摩擦面の外径と内径はそれぞれいくらか.ただし,摩擦係数は 0.15,許容接触圧力は 1.5 MPa とする.

【7.3】 回転速度 3 500 rpm で 22.5 kW を出力するエンジンの動力を,円板クラッチ(単板)を用いて被動軸に伝達したい.摩擦板の内外径をそれぞれ 400 mm,600 mm とし,摩擦面の摩擦係数を 0.25 としたとき,必要な作動力を求めよ.また,このときの摩擦面の接触面圧はいくらか.

【7.4】 回転速度 240 rpm で 3.7 kW の動力を伝える多板クラッチがある.摩擦面の平均直径 110 mm,幅 50 mm とすれば摩擦面の数はいくら必要か.ただし,摩擦係数,許容接触面圧をそれぞれ 0.12,0.10 MPa とする.

【7.5】 円すいクラッチにおいて,4 kW の動力を回転速度 900 rpm で伝えるには,クラッチをいかほどの力で押し付ければよいか.またクラッチを離すのに必要な力はいくらか.ただし,クラッチの内径を 200 mm,摩擦面の幅を 50 mm,円すい角の半分の角度を 12°,摩擦係数を 0.25 とする.

【7.6】 図 7.11 でレバーの支点位置が (2) にあるような単ブロックブレーキ,すなわち $c = 0$ となる条件の単ブロックブレーキを考える.直径 500 mm のブレーキドラムが回転速度 100 rpm で右回りするとき,ブレーキトルクを 48 N·m にしたい.レバーに加える力を 200 N,$b = 300$ mm,摩擦係数を 0.35 とすると,レバーの長さ a をいくらにすればよいか.また,許容押し付け圧力を 0.50 MPa とし,ブレーキブロックの長さを 100 mm とすると,幅はいくらになるか.また,このとき摩擦熱に対して安全かどうかをブレーキ容量から確かめよ.

【7.7】 図 7.13 に示すようなドラムブレーキにおいて,$a = 600$ mm,$b = 250$ mm,$c = 200$ mm で,摩擦係数が 0.3,ブレーキドラム内径 850 mm でブレーキトルク 200 N·m のとき,左右のブレーキシューに生ずるブ

レーキ力を求めよ．ただし，ブレーキドラムは右回りしているものとする．

【7.8】 図7.14に示すような単式バンドブレーキにおいて，左回りに回転する直径400 mmのブレーキドラムの軸にトルク400 N・mが作用している．このときのブレーキ力はいくらか．またレバー端に作用させる力を100 Nとした場合，ブレーキレバーの長さをいくらにしたらよいか．ただし，b = 100 mm，バンドの接触角は270°とし，摩擦係数を0.2とする．

第8章 ばね

8.1 ばねの用途と種類

ばねの主な用途は次の通りである.

- ばねの反力を利用する……………………安全弁, ばね秤, エンジンの弁ばねなど
- 蓄えた弾性エネルギーを利用する…………時計のぜんまいなど
- 衝撃の緩衝に利用する……………………車両の懸架ばねなど

ばねを材質により分類すると次のようになる.

$$
\left\{
\begin{array}{l}
金属ばね
\left\{
\begin{array}{l}
鋼ばね
\left\{
\begin{array}{l}
炭素鋼ばね \\
特殊鋼ばね
\end{array}
\right. \\[2ex]
非鉄金属ばね
\left\{
\begin{array}{l}
銅合金ばね \\
Ni 合金ばね
\end{array}
\right.
\end{array}
\right. \\[4ex]
非金属ばね
\left\{
\begin{array}{l}
ゴムばね \\
空気ばね
\end{array}
\right.
\end{array}
\right.
$$

形状により分類すると, **図 8.1** に示すように, **コイルばね** (coiled spring), **重ね板ばね** (leaf spring), **渦巻きばね** (spiral spring), **トーションバー** (torsion bar), **皿ばね** (coned disc spring) などとなる. コイルばねは素線をらせん状に巻き上げたもので製作費が比較的安く, 小型・軽量にでき, 動作が確実であるなどの長所があるため最も広く用いられている. 特に素線が円形断面の**円筒コイルばね** (cylindrically coiled spring) が一番多く用いられ, コイルばねには**圧縮コイルばね** (helical compression spring), **引張コイルばね** (helical extension spring), **ねじりコイルばね** (helical torsion spring) がある.

　また，熱を加えて成形したばねを**熱間成形ばね**（hot formed spring）といい，一般的に大型ばねに利用されていて，コイルばね，重ね板ばね，トーションバーなどがこれに相当する．一方，**冷間成形ばね**（cold formed spring）とは，常温で成形されたばねであり，**薄板ばね**（flat spring）や**線細工ばね**（formed wire spring）などの小型ばねのほとんどは冷間成形で製作されている．一般に使用されるばねの材料を**表 8.1** に示す．

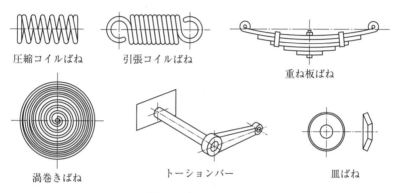

図 8.1　主なばねの形状

表 8.1　ばね材料（出典：JIS B 2704：2000）

材質	規格番号	記号	横弾性係数 G〔GPa〕	用途（参考）	備考
ばね鋼鋼材	JIS G4801	SUP	78.5	一般用，耐疲労用	※1
硬鋼線	JIS G3521	SW		一般用	
ピアノ線	JIS G3522	SWP		一般用，耐疲労用	
オイルテンパー線	JIS G3560, G3561	SWO		一般用，耐熱用，耐疲労用	
ステンレス鋼線	JIS G4314	SUS	68.5	一般用，耐熱用，耐食用	※2
黄銅線	JIS H3260	C2＊＊＊W	39.0	導電用，非磁性用，耐食用	
洋白線		C7＊＊＊W			
りん青銅線	JIS H3270	C5＊＊＊W	42.0		
ベリリウム銅線		C1720W	44.0		

備考：※1　主として熱間成形ばねに用いる．　※2　主として冷間成形ばねに用いる

8.2 コイルばね

無荷重時のばねの高さ（長さ）を**自由高さ**（free height）と呼ぶ．ただし，引張コイルばねの場合は**自由長さ**（free length）と呼ぶ．ばねに荷重 P が負荷されたとき，ばねの自由高さからの変形量を δ とし，**ばね定数**（spring constant）を k とすると，これらの関係は次式で表される．

$$k = \frac{P}{\delta} \tag{8.1}$$

ねじりばねの場合，ねじりモーメントを T，ねじれ角を θ とすると，**ねじりばね定数** k_T（coefficient of torsion spring）は次の関係を示す．

$$k_T = \frac{T}{\theta} \tag{8.2}$$

8.2.1 圧縮コイルばね

圧縮コイルばねは，コイルばねを圧縮する方向に変形させ，その反力を利用するばねである．**図 8.2** のように素線の直径を d，コイルの直径を D とすれば，荷重 P による素線のねじりモーメント T は，

$$T = P \cdot \frac{D}{2} \tag{8.3}$$

また素線の断面二次極モーメント I_p は，

$$I_p = \frac{\pi d^4}{32} \tag{8.4}$$

で表されるので，素線の外径に生じるせん断応力 τ_0 は以下のようになる．

$$\tau_0 = \frac{T}{I_p} \cdot \frac{d}{2} = \frac{P \cdot \dfrac{D}{2}}{\dfrac{\pi d^4}{32}} \cdot \frac{d}{2} = \frac{8PD}{\pi d^3} \tag{8.5}$$

さらにコイルは湾曲しているので，その曲率を考慮すると**図8.3**に示すようにコイルの内側でせん断応力が最大となり，最大せん断応力 τ_1 は修正されて近似的に次のようになる．

$$\tau_1 = \kappa\tau_0 = \kappa\,\frac{8PD}{\pi d^3} \tag{8.6}$$

上式の κ を**ワールの応力修正係数**（Wahl's factor），c を**ばね指数**（spring index）と呼び，次式で与えられる．

$$\kappa = \frac{4c-1}{4c-4} + \frac{0.615}{c} \tag{8.7}$$

$$c = \frac{D}{d} \tag{8.8}$$

なお，熱間で成形する場合には $c = 4 \sim 15$，冷間で成形する場合には $c = 4 \sim 22$ の範囲でばね指数 c を選ぶ．応力修正係数 κ とばね指数 c は**図8.4**のようになる．また，コイルばねの最大せん断応力 τ_1 を許容せん断応力 τ_{al} とする

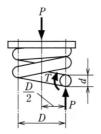

図8.2　コイルばねの力のつりあい

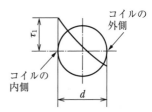

図8.3　コイルばねの素線断面
　　　 における応力分布状態

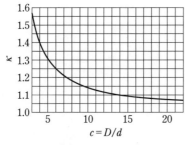

図8.4　κ と c の関係

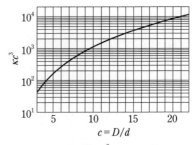

図8.5　κc^3 と c の関係

と,引張コイルばねの場合は $\tau_{al} = 0.4\,\sigma_y$,圧縮コイルばねの場合は $\tau_{al} = 0.5$ σ_y とするのが一般的である.ここで,σ_y は材料の降伏点を表す.

式(8.8)を変形した $d = D/c$ を式(8.6)に代入すると,

$$\kappa c^3 = \tau_1 \frac{\pi D^2}{8P} \tag{8.9}$$

ばねを設計する場合,荷重 P,ばね定数 k,コイルの平均直径 D ならびに許容せん断応力を与えて,素線の直径 d とコイルばねの有効巻数 N_a を求めることが多い.このとき式(8.9)と**図 8.5** を利用するのが便利である.ばね指数 c が求められれば,式(8.8)より素線の直径 d が求まり,後述の式(8.13)より有効巻数 N_a が求まる.

コイル 1 巻きの長さは $l = \pi D$ であり,素線の横弾性係数を G とすると,荷重 P によりねじられたときのねじれ角は,

$$\theta = \frac{32Tl}{\pi Gd^4} = \frac{32P\dfrac{D}{2}\cdot \pi D}{\pi Gd^4} = \frac{16PD^2}{Gd^4} \tag{8.10}$$

となる.**図 8.6** に示すように,このときのコイル 1 巻きのたわみ δ' は,

$$\delta' = \frac{D}{2}\cdot \theta = \frac{8PD^3}{Gd^4} \tag{8.11}$$

コイルばねの有効巻数を N_a とすれば,1 巻きのコイルを N_a 個つなぎ合わせたものであるから,荷重 P によるコイルばねのたわみ δ は,

$$\delta = \frac{8PD^3N_a}{Gd^4} \tag{8.12}$$

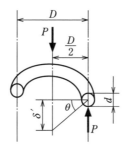

図 8.6 コイルばねのねじれ角とたわみ

したがって式（8.1）より

$$k = \frac{P}{\delta} = \frac{Gd^4}{8D^3N_a} = \frac{GD}{8c^4N_a} \tag{8.13}$$

が得られる.

8.2.2　引張コイルばね

　引張コイルばねは，コイルばねを引っ張る方向に変形させ，その反力を利用するばねである．通常，引張コイルばねの場合，コイルの素線は密着して巻かれていて，素線が互いに密着しようとする力が働いている．この力を引張コイルばねの**初張力**（initial tension）といい，コイルの平均直径を D，素線の直径を d とすると，初張力 P_i は次式で表される.

$$P_i = \frac{\pi d^3}{8D} \tau_i \tag{8.14}$$

ここで，τ_i は**初応力**（initial stress）であり，低温焼なましを行っていない場合，次の経験式から求めることができる.

$$\tau_i = \frac{G}{100c} \tag{8.15}$$

この式中の G は素線の横弾性係数，c はばね指数である．なお，低温焼なましを実施した場合，ピアノ線および硬鋼線の初応力を式（8.15）の τ_i の 75% とし，ステンレス鋼線の初応力を τ_i の 80% とする.

　初張力 P_i がない引張コイルばねに関する計算式は，8.2.1 項で示した圧縮コイルばねの計算式と基本的に同じである．一方，初張力 P_i がある引張コイルばねの場合，ばね定数 k に関する式（8.13）は，

$$k = \frac{P - P_i}{\delta} = \frac{Gd^4}{8D^3N_a} = \frac{GD}{8c^4N_a} \tag{8.16}$$

となり，荷重 P による引張コイルばねのたわみ δ は，

$$\delta = \frac{8D^3N_a}{Gd^4} (P - P_i) \tag{8.17}$$

となる.

8.2.3　有効巻数

有効巻数 N_a とは，圧縮コイルばねなどのコイル両端部で互いに素線が接触すると有効な働きをしないから，総巻数からコイル両端部の巻数を除いた巻数をいい，一般に 3 以上とする．式 (8.13) または式 (8.16) を変形することにより，有効巻数 N_a は次式で表される．

$$N_a = \frac{GD}{8kc^4} \tag{8.18}$$

コイルばね両端の巻数をそれぞれ x_1, x_2 とし，総巻数を N_t とすると，圧縮コイルばねの有効巻数 N_a は，

$$N_a = N_t - (x_1 + x_2) \tag{8.19}$$

ここで，**図 8.7** に圧縮コイルばね端部の形状を示す．コイル先端が隣接するコイルに接しているときをクローズドエンドといい，接していないときをオープンエンドという．クローズドエンドの圧縮コイルばねの有効巻数 N_a は次式で表される．

$$N_a = N_t - 2x \tag{8.20}$$

なお，引張コイルばねの場合は $N_a = N_t$ である．

図 8.7　圧縮コイルばね端部の形状

　圧縮コイルばねの縦横比（自由高さとコイル平均直径との比）は有効巻数の確保のため 0.8 以上とし，座屈を考慮して一般的には 0.8 〜 4.0 の範囲で選ぶ．また，ピッチが 0.5D を超えると，たわみ（荷重）の増加に伴いコイル平均直径が変化するため，ピッチは 0.5D 以下とする．

8.2.4　サージング

　コイルばねに繰返し荷重が作用し，繰返し荷重の繰返し数とコイルばね単体

の固有振動数が一致すると，ばねが共振する．これを**サージング**（surging）
という．ばねの固有振動数は次式によって算出される．

$$f = a\sqrt{\frac{10^3 k}{M}} = a\frac{22.36d}{\pi N_a D^2}\sqrt{\frac{G}{m}} \tag{8.21}$$

ここで，コイルばねの両端が自由または固定の場合は $a = i/2$ であり，一端固
定で他端自由の場合は $a = (2i - 1)/4$ である．ただし，$i = 1, 2, 3, \cdots$ である．
また，M はコイルばねの有効巻数の質量，m は材料の単位体積当たりの質量
を表す．

[例題 8.1]

　ばね鋼でできた圧縮コイルばねに荷重 $P = 300$ N が作用するとき，こ
のばねのたわみは $\delta = 25$ mm となる．このばねの素線の直径，有効巻数
ならびに総巻数を求めよ．ただし，圧縮コイルばねの平均直径を $D = 27$
mm，ばね鋼の横弾性係数および許容せん断応力をそれぞれ $G = 78.5$ GPa，
$\tau_{al} = 500$ MPa とする．

[解]

コイルばねの最大せん断応力 τ_1 を許容せん断応力 τ_{al} とすると，

式（8.9）より，$\kappa c^3 = \tau_{al}\dfrac{\pi D^2}{8P} = 500 \times \dfrac{\pi \times 27^2}{8 \times 300} = 477$

図 8.5 において $\kappa c^3 = 477$ から $c = 7.3$ が求まる．

よって，このばねの素線の直径は，$d = \dfrac{D}{c} = \dfrac{27}{7.3} = 3.7$ mm

ばね定数は，式（8.1）から，$k = \dfrac{P}{\delta} = \dfrac{300}{25} = 12$ N/mm

よって，有効巻数は，式（8.18）より，

$$N_a = \frac{GD}{8kc^4} = \frac{78.5 \times 10^3 \times 27}{8 \times 12 \times 7.3^4} = 7.8$$

総巻数は，ばね両端の巻数を $x_1 = x_2 = 1$ として，式（8.19）から，

$$N_t = N_a + x_1 + x_2 = 7.8 + 1 + 1 = 9.8$$

8.3 重ね板ばね

重ね板ばねは，**図 8.8** のように長短の帯板を重ね合わせたもので，自動車や鉄道などの車両用懸架ばねとして広く用いられている．重ねた板の間に摩擦があるために，振動荷重を受けた場合に減衰する特長がある．また，ある板ばねが破損しても，その板ばねを取り替えるだけで再利用が可能である．

重ね板ばねは左右対称に作られることが多いので，スパンを $2L_n$，荷重を $2P$ として計算するのが一般的である．**図 8.9** に示すように同一平面上で板厚一定の板ばねを台形形状に並べることで，元の重ね板ばねと同じ特性を示すと考えて計算する方法を展開法といい，計算方法が簡単であるため，重ね板ばねの設計方法として広く利用されている．

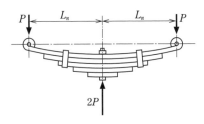
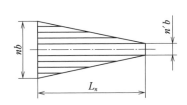

図 8.8　重ね板ばね　　　　図 8.9　板ばねの台形形状への展開

展開法によって，ばね定数を求めると，

$$k = \frac{2P}{\delta} = \frac{6nEI}{L_n^3} \cdot \frac{1}{K} = \frac{nEbh^3}{2L_n^3} \cdot \frac{1}{K} \tag{8.22}$$

ここで，n は板ばねの総数，E は縦弾性係数（ヤング率），L_n はスパンの長さの半分，b と h はそれぞれ 1 枚の板ばねの幅および厚さである．I は断面二次モーメントであり，$I = bh^3/12$ となる．また，K は台形形状を考慮して得られる形状係数であり，次式で表される．

$$K = \frac{3}{(1-\eta)^3} \left[\frac{1}{2} - 2\eta + \eta^2 \left(\frac{3}{2} - \ln \eta \right) \right] \tag{8.23}$$

なお，$\eta = n'/n$ であり，n' は全長（スパン $2L_n$）の板ばねの数である．
したがって，重ね板ばねのたわみ δ は，式（8.22）より，

$$\delta = K \cdot \frac{4PL_n^3}{nEbh^3} \tag{8.24}$$

さらに，重ね板ばねに生じる曲げ応力 σ は，

$$\sigma = \frac{PL_n}{nZ} = \frac{6PL_n}{nbh^2}$$ (8.25)

ここで，Z は断面係数であり，$Z = bh^2/6$ となる．

[例題 8.2]

ばね定数 $k = 30$ N/mm の重ね板ばねを展開法によって設計せよ．ただ
し，荷重 $2P = 2$ kN，スパン $2L_n = 1\,000$ mm，板ばねの総数 $n = 4$ とする．
また，材料はばね鋼鋼板（引張強さ $\sigma_B = 1\,225$ MPa，縦弾性係数 $E = 206$
GPa）で，その板厚は $h = 6$ mm である．

[解]

全長の板ばねの数を $n' = 1$ とすると，$\eta = n'/n = 0.25$ となるから，式 (8.23)
より形状係数 K は，

$$K = \frac{3}{(1-0.25)^3} \times \left[\frac{1}{2} - 2 \times 0.25 + 0.25^2 \times \left(\frac{3}{2} - \ln 0.25 \right) \right] = 1.283$$

また，式 (8.22) より板幅 b は，

$$b = k \cdot \frac{2L_n{}^3 \cdot K}{nEh^3} = 30 \times \frac{2 \times 500^3 \times 1.283}{4 \times 206 \times 10^3 \times 6^3} = 54.1 \text{ mm}$$

重ね板ばねのたわみ δ は，

$$\delta = \frac{2P}{k} = \frac{2 \times 1\,000}{30} = 66.7 \text{ mm}$$

板ばねに生じる曲げ応力 σ は，式 (8.25) より，

$$\sigma = \frac{6PL_n}{nbh^2} = \frac{6 \times 1\,000 \times 500}{4 \times 54.1 \times 6^2} = 385.1 \text{ MPa}$$

ここで，ばね鋼の引張強さは $\sigma_B = 1\,225$ MPa であり，曲げの疲れ限度は $\sigma_w \fallingdotseq$
$0.5\sigma_B$ であるから，$\sigma_w = 612.5$ MPa となる．したがって安全率は，

$$f_s = \frac{\sigma_w}{\sigma} = \frac{612.5}{385.1} = 1.59$$

となる．

全長の板ばね（親板ばね）の長さの半分を L_n とすれば，子板ばねの長さの半分は，

$$L_i = L_n(n - i)/n \qquad i = 1, 2, 3, \cdots\cdots$$

である．すなわち，

親板ばねの長さ：$2L_n = 1\,000$ mm

1 枚目の子板ばねの長さ：$2L_1 = 2L_n(n-1)/n = 1\,000 \times 3/4 = 750$ mm

2 枚目の子板ばねの長さ：$2L_2 = 2L_n(n-2)/n = 1\,000 \times 2/4 = 500$ mm

3 枚目の子板ばねの長さ：$2L_3 = 2L_n(n-3)/n = 1\,000 \times 1/4 = 250$ mm

8.4 トーションバー

トーションバーは，丸棒の一端を固定し，他端にレバーを付けて丸棒をねじるものであり，丸棒のねじりによるトルクをそのまま利用する．このばねは，ばねの単位体積当たりに蓄えられる弾性エネルギーが大きく，軽量なばねを製作でき，形状が簡単なため，狭い場所に設置することができる．トーションバーの用途としては，自動車やトラックなどの車両用懸架ばねや車両用スタビライザー（安定化装置）などがある．

図 8.10 に示すように，水平線を基準として無荷重時のレバーと水平線のなす角を β，荷重 P を負荷したときのレバーと水平線のなす角を α とすると，トーションバーのねじれ角 ϕ は，

$$\phi = \alpha + \beta = \frac{32TL}{\pi d^4 G} = \frac{32L}{\pi d^4 G}\ PR\cos\alpha \tag{8.26}$$

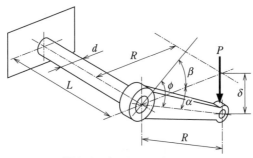

図 8.10　トーションバー

で表される．なお，T はねじりモーメント，L はトーションバーの有効長さ，d はトーションバーの直径，G はトーションバーの横弾性係数，R はレバーの有効長さである．

トーションバーのせん断応力 τ および荷重 P によるたわみ δ は，

$$\tau = \frac{16}{\pi d^3} PR \cos \alpha \tag{8.27}$$

$$\delta = R \sin \alpha \tag{8.28}$$

ここで，トーションバーのねじりばね定数 k_T は，

$$k_T = \frac{T}{\phi} = \frac{\pi d^4 G}{32L} \tag{8.29}$$

したがって，式 (8.26) と式 (8.29) より

$$P = \frac{k_T}{R} \cdot \frac{\alpha + \beta}{\cos \alpha} \tag{8.30}$$

さらに，負荷時のばね定数 k は，

$$k = \frac{dP}{d\delta} = \frac{dP}{d\alpha} \cdot \frac{d\alpha}{d\delta} = \frac{k_T}{R^2} \cdot \frac{1 + (\alpha + \beta) \tan \alpha}{\cos^2 \alpha} \tag{8.31}$$

$$\frac{P}{k} = R \frac{(\alpha + \beta) \cos \alpha}{1 + (\alpha + \beta) \tan \alpha} \tag{8.32}$$

となる．

[例題 8.3]

荷重 $P = 20$ kN のとき荷重方向たわみが $\delta = 200$ mm となり，使用時のばね定数が $k = 100$ N/mm であるトーションバーを設計せよ．ただし，レバーの有効長さを $R = 400$ mm，許容せん断応力を $\tau_{al} = 800$ MPa，横弾性係数を $G = 78.5$ GPa とする．

[解]

まず，レバーと水平線のなす角 α は，式 (8.28) より

$$\sin \alpha = \frac{\delta}{R} = \frac{200}{400} = 0.5 \text{ となるので, } \alpha = \frac{\pi}{6}$$

式 (8.32) より，無荷重時のレバーと水平線のなす角 β を求めると，

$$\frac{20 \times 10^3}{100} = 400 \times \frac{\left(\frac{\pi}{6}+\beta\right) \times \cos \frac{\pi}{6}}{1+\left(\frac{\pi}{6}+\beta\right) \times \tan \frac{\pi}{6}} \text{ となるから, } \beta = \frac{\sqrt{3}}{2} - \frac{\pi}{6}$$

トーションバーのねじりばね定数 k_T は，式 (8.30) より，

$$k_T = \frac{PR \cos \alpha}{\alpha + \beta} = \frac{20 \times 10^3 \times 400 \times \cos \frac{\pi}{6}}{\frac{\pi}{6} + \frac{\sqrt{3}}{2} - \frac{\pi}{6}} = 8.0 \times 10^6 \,\text{N} \cdot \text{mm/rad}$$

ここで，せん断応力 τ は許容せん断応力 τ_{al} より小さくなければならないので，式 (8.27) より，

$$\tau = \frac{16}{\pi d^3} PR \cos \alpha = \frac{16}{\pi d^3} \times 20 \times 10^3 \times 400 \times \cos \frac{\pi}{6} = \frac{3.53 \times 10^7}{d^3} < 800$$

したがって，$d > 35.3$ となり，$d = 36\,\text{mm}$ が得られる．

このとき，式 (8.29) より，トーションバーの有効長さ L は，

$$L = \frac{\pi d^4 G}{32 k_T} = \frac{\pi \times 36^4 \times 78.5 \times 10^3}{32 \times 8.0 \times 10^6} = 1\,618\,\text{mm}$$

8.5 その他のばね

その他のばねとして，渦巻きばね，皿ばね，空気ばねなどがある．

渦巻きばねは，線材（薄板，長方形・円形断面のものなど）を同一平面上に渦巻き型に巻いたばねであり，限られた容積内に多くのエネルギーを蓄えることができる．各種メーターや家電製品のコード巻取り装置などに使われている．

皿ばねは，皿状の板に荷重が加わった場合の弾性を利用するもので，複数枚の皿ばねを直列または並列に組み合わせることでばね定数を変えられる．自動車のクラッチ・トランスミッションの加圧や予圧，建築物の防振装置などに用いられている．

空気ばね（air spring）は，ゴム製の容器内に圧縮空気を封入したものや，

空気や油などの流体がオリフィスと呼ばれる小さな穴を通る機構などを用いた
ものであり，流体やゴムの弾力性を利用した防振装置である．空気ばねはエア
サスペンションともいい，主にバスや鉄道車両で広く採用されている．

演習問題

【8.1】 ばね鋼でできた有効巻数 $N_a = 18$ の圧縮コイルばねに荷重 $P = 220$ N を加えたときのせん断応力とたわみを求めよ．ただし，ばねの素線の直径を $d = 6$ mm，コイルばねの平均直径を $D = 27$ mm，ばね鋼の横弾性係数を $G = 78.5$ GPa とする．

【8.2】 質量 $M = 0.5$ kg の物体を初速度 $V = 10$ m/s で飛ばすことのできる圧縮コイルばねを設計せよ．ただし，このコイルばねの最大たわみを $\delta = 40$ mm，コイルばねの平均直径を $D = 30$ mm，ばね鋼の横弾性係数および許容せん断応力をそれぞれ $G = 78.5$ GPa，$\tau_{al} = 450$ MPa とする．

【8.3】 荷重 $2P = 2$ kN のときの重ね板ばねのたわみを求めよ．ただし，スパン $2L_n = 2\,000$ mm，板幅 $b = 70$ mm，板厚 $h = 7$ mm とし，許容曲げ応力 $\sigma_{al} = 600$ MPa，縦弾性係数 $E = 206$ GPa とする．

【8.4】 荷重 $P = 5$ kN のとき荷重方向たわみが $\delta = 150$ mm，せん断応力が $\tau = 400$ MPa となるトーションバーを設計せよ．ただし，レバーの有効長さを $R = 300$ mm，無荷重時のレバーと水平線のなす角を $\beta = 10°$，横弾性係数を $G = 78.5$ GPa とする．

第9章 管・継手・バルブ・シール

9.1 管

9.1.1 管の種類

　管材は鉄・非鉄金属の金属管と合成樹脂・コンクリートなどの非金属管に大別される．金属管には炭素鋼鋼管，合金鋼鋼管，ステンレス鋼鋼管などの鋼管，鋳鉄管，非鉄金属の銅合金管，アルミニウム管などがある．最も使用量の多い**鋼管**は，溶接管，継目無管に分けられる．管の選定は，配管設計の基礎となるから慎重に行う必要がある．**表9.1**に主に用いられる鋼管の種類と使用条件を示す．鋼管の選定は，使用圧力と管の材料強度から管の肉厚寸法を**スケジュール番号**（schedule number）で定めることができる．同じスケジュール番号の鋼管は，サイズが異なっても同じ圧力に耐えられる．日本工業規格JISではスケジュール番号はSch40・80・160の3段階を主として定めている．

表9.1　鋼管の種類と使用条件

金属管種類	管記号	使用温度〔℃〕	使用圧力〔MPa〕
配管用炭素鋼鋼管（ガス管） JIS G3452	SGP	350℃以下	0 〜 1.5
圧力配管用炭素鋼鋼管 JIS G3454	STPG	− 10 〜 350	1.5 〜 10
高圧配管用炭素鋼鋼管 JIS G3455	STS	− 30 〜 350	10 〜 20
高温配管用炭素鋼鋼管 JIS G3455	STPT	350 〜 450	0 〜 20
配管用合金鋼鋼管 JIS G3456	STPA	− 100 〜　15	0 〜 20
配管用ステンレス鋼管 JIS G3459	SUS	− 196 〜 600	0 〜 10
低温配管用鋼管 JIS G3460	STPL	− 100 〜 200	0 〜 20

※ SGPは空気，水蒸気，水では200℃，設計圧力0.2 MPa未満なら350℃まで使用可能．ただし，上水道を除く．

9.1.2　管の選定方法

経済的な効果を考え，輸送動力費と配管費の和の最小を考慮して考える方法が最良であるが，以下の方法により選定する.

(1) 管の種類の選定

管の使用圧力・温度から表9.1を用い，使用する管の種類を選定する.

(2) 管の内径

管の内径を**表9.2**の慣用されている管内平均流速から求める. 管の内側を流れる流体の単位時間当たりの流量を Q，管内平均流速を v，管の内径を d とすると，

$$Q = \frac{\pi d^2 v}{4} \tag{9.1}$$

となる. したがって，内径 d は

$$d = \sqrt{\frac{4Q}{\pi v}} \tag{9.2}$$

となる. 式 (9.2) より流量 Q が一定で v が大きくなると内径 d は小さくなるが，d を小さくしすぎると管内流路抵抗が増大して損失が大きくなる. そのため，表9.2の慣用されている管内平均流速 v_m を用いて管の内径を求める.

表9.2　慣用されている管内平均流速 v_m

流体	用途	流速〔m/s〕	流体	用途	流速〔m/s〕
水	工場一般給水	1.0 〜 3.0	油	油圧ポンプ吐出側	3.0 〜 3.7
	海水	1.2 〜 2.0	空気	送風圧縮機 吸込・吐出	10 〜 20
	ポンプ吸込	0.5 〜 2.0	蒸気	飽和水蒸気	25 〜 30
	ポンプ吐出	1.0 〜 3.0		過熱水蒸気	30 〜 40

(3) 管の肉厚

管厚さは**配管用炭素鋼鋼管**すなわち**ガス管**（SGP）を除いて，設計圧力と**表9.3**に示す鋼管の許容引張応力（JIS B 8265）から以下の式を用いてスケジュール番号 Sch No. を計算し，最も近いスケジュール番号を選定するようになっている. この Sch No. は

$$\text{Sch No.} = 1\,000 \times \left(\frac{p}{\sigma_{al}} \right) \tag{9.3}$$

で表される. ここで, p は使用圧力〔MPa〕, σ_{al} は許容応力〔N/mm²〕である.
表 9.4 に**圧力配管用炭素鋼鋼管**（STPG）の寸法の一部を示す. Sch No. の大きい管は, 使用圧力が高く管厚さも厚い. 同じ Sch No. の管は呼び径に関係なく等しい使用圧力を持っている.

表 9.3 鋼管の許容引張応力 σ_{al} の例（出典：JIS B 8265 より抜粋）

種類	製法	各温度〔℃〕における許容引張応力〔N/mm²〕									
		−10	0	40	100	200	300	325	350	375	400
SGP	E					62					
	B					47					
STPG370	S				92						
	E				78						
STS370	S				92						

※製法　E：電気抵抗溶接管, B：鍛接管, S：継目無管

表 9.4 圧力配管用炭素鋼鋼管（STPG）の寸法例（出典：JIS G 3454 より抜粋）

呼び径		外径〔mm〕	Sch No.　管厚さ〔mm〕		
A	B		Sch40	Sch60	Sch80
6	$\frac{1}{8}$	10.5	1.7	2.2	2.4
8	$\frac{1}{4}$	13.8	2.2	2.4	3.0
10	$\frac{3}{8}$	17.3	2.3	2.8	3.2
15	$\frac{1}{2}$	21.7	2.8	3.2	3.7
20	$\frac{3}{4}$	27.2	2.9	3.4	3.9
25	1	34.0	3.4	3.9	4.5
32	$1\frac{1}{4}$	42.7	3.6	4.5	4.9
40	$1\frac{1}{2}$	48.6	3.7	4.5	5.1
50	2	60.5	3.9	4.9	5.5
65	$2\frac{1}{2}$	76.3	5.2	6.0	7.0
80	3	89.1	5.5	6.6	7.6
90	$3\frac{1}{2}$	101.6	5.7	7.0	8.1
100	4	114.3	6.0	7.1	8.6
125	5	139.8	6.6	8.1	9.5
150	6	165.2	7.1	9.3	11.0

[例題 9.1]
　STPG370 - S（継目無管）を用いて，使用圧力 p = 3 MPa で使用する場合のスケジュール番号を求めよ．

[解]

　式（9.3）より

$$\text{Sch No.} = \frac{3}{92} \times 1\,000 = 32.6$$

表 9.4 から，最も近いスケジュール番号は Sch No. 40 を選択できる．例えば，呼び径 25A なら外径 34 mm，管厚さ 3.4 mm となる．

[例題 9.2]
　吐出量 1.6 m³/min の高水頭渦巻きポンプで内圧 p = 2.8 MPa であるとき，設計上使用できる圧力配管用炭素鋼鋼管 STPG - E（継目無管）の内径および管厚さを求めよ．ただし，管内平均流速 v_m を 3.0 m/s とする．

[解]

　表 9.2 より v_m = 3 m/s とする．Q = 1.6 m³/min であるから，

$$d = \sqrt{\frac{4Q}{\pi v}} = \sqrt{\frac{4 \times 1.6}{\pi \times 3 \times 60}} = 0.1064 \text{ m} = 106.4 \text{ mm}$$

一方，STPG - E の許容応力は表 9.3 より σ_{al} = 78 N/mm² かつ設計圧力 p = 2.8 MPa であるので，式（9.3）よりスケジュール番号を求めると，

$$\text{Sch No.} = \frac{2.8}{78} \times 1\,000 = 35.9$$

表 9.4 より Sch40 が決定され，d = 106 mm に近い 100A Sch40 を選択すると，管厚さは 6 mm であるため，選定した管の内径は 102.3 mm となるが，計算した内径 d = 106 mm よりも小さいので，125A Sch40 を選定する．

9.2 管継手

9.2.1 管継手の種類と分類

管継手（くだつぎて）とは配管する際に管と管，管の機器の接続に使用する部品のことである．図 9.1 に主な管継手の形状を示す．表 9.5 に管継手の種類と適用箇所を示す．管継手は，固定式と可動式に大別される．

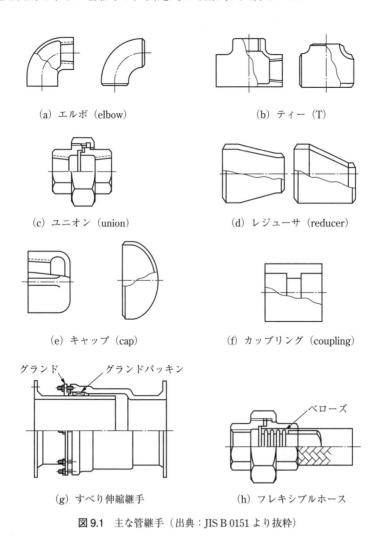

(a) エルボ（elbow）　　　　　(b) ティー（T）

(c) ユニオン（union）　　　　(d) レジューサ（reducer）

(e) キャップ（cap）　　　　　(f) カップリング（coupling）

グランド　　グランドパッキン　　　　　　　　　　ベローズ

(g) すべり伸縮継手　　　　　(h) フレキシブルホース

図 9.1　主な管継手（出典：JIS B 0151 より抜粋）

表9.5　管継手の用途と分類

分類	適用条件	継手名称例
固定式	流体の方向転換	エルボ，ベンド
	流体の分岐・集合	ティー（T），クロス，Y
	管の接続	ユニオン，ソケット，フランジ
	管径の異なるものとの接続（管径変更部）	レジューサ，ブッシング
	管の末端閉鎖	キャップ
	計器・バルブの取付座	カップリング
可動式	管の膨張・伸縮の吸収	すべり伸縮継手
	管の変位・振動の吸収	フレキシブルホース
	管の回転・屈曲	スイベルジョイント

9.2.2　接続方式

　管継手を管や弁と接続する方式を接続方式と呼ぶ．主な接続方式の例を**図9.2**に，その用途を**表9.6**に示す．結合方式はねじ込み式（screw），突合せ溶

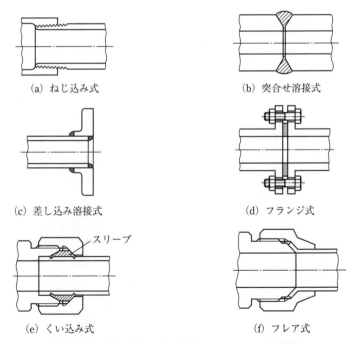

(a) ねじ込み式　　　　　　　　(b) 突合せ溶接式

(c) 差し込み溶接式　　　　　　(d) フランジ式

スリーブ

(e) くい込み式　　　　　　　　(f) フレア式

図9.2　主な接続方式の例（出典：JIS B 0151 より抜粋）

接式（butt weld），差し込み溶接式（slip-on weld），ソケット溶接式（socket weld），フランジ式，メカニカル式としてくい込み，フレアがある．それぞれに，エルボやティーなど形状別に各種サイズが用意されている．ねじ込み式は図 2.4（b）のように管用テーパねじ，管用平行ねじにより接続する．給水配管やガス管などに用いられる．

表9.6　主な接続形式の適用

接続形式		用途
ねじ込み式	平行ねじ	低圧吸水管，水栓接続
	テーパねじ	低圧～高圧，小径管
突合せ溶接式		低温～高温，低圧～高圧
差し込み溶接	ソケット式	低温～高温，低圧～高圧
	スリップオン式	低圧で大きい管フランジ
フランジ式		取り外し必要箇所，小径～大径
くい込み式		フレア接続が不可能な厚肉管
フレア式		小径で延性の大きい鋼管など

9.3　バルブ

バルブは流体を通したり，止めたり，制御したりするため，通路を開閉することができる可動機構をもつ機器の総称である．基本的に弁箱（body），弁体（disk），弁座（seat），弁棒（stem），弁箱ふた（bonnet），ハンドル（handle）の各部で構成されている．

図9.3 に各種バルブの構造の概略を示す．**表9.7** に各種バルブの特徴を示す．**仕切り弁**（gate valve）は弁体が円板状で流れに対して直角にスライドして流路を開閉する．基本的に全開または全閉で使用する．全開時に流れが一直線になるため流路抵抗が小さい．**玉形弁**（globe valve）は，弁箱が球状であることから名付けられた．弁内はＳ字の流路をなし，コマ状の弁体を弁箱内の隔壁に設けられた弁座面に押し付けて閉める．開閉機能が高く，流量調整に用いられる．**チェックバルブ**（check valve）は，流体の流れを一定方向に保持し，逆流を防止する．**バタフライバルブ**（butterfly valve）は，弁棒を軸に円板状の弁体が回転し流体を調整する．流量調整が可能で軽量コンパクト・自動化にも

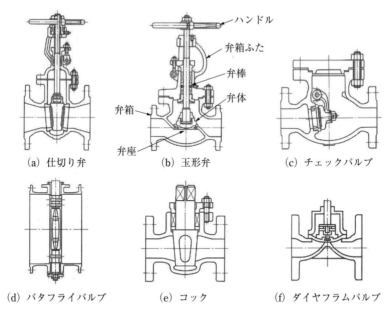

図 9.3　各種バルブの構造（出典：JIS B 0100 より抜粋）

表 9.7　各種バルブの特徴

バルブ名	長所	短所
仕切り弁	● 圧力損失小 ● 大呼び径製作可 ● 開閉トルク小	● 急開閉不可 ● 開閉過多弁座摩耗の恐れ
玉形弁	● 流量調整可能 ● 開閉多頻度可	● 圧力損失大 ● 開閉トルク大
チェックバルブ （逆止め弁）	● 開閉操作早い ● 圧力損失小 ● 自動開閉に適 ● ソフトシートではシール性良	● 流量調整困難 ● ソフトシート高温不適 ● ボール加工精度必要
バタフライ バルブ	●圧力自動開閉により操作必要 　性なし ● 構造簡単	● 圧力損失大 ● 液体圧力差小で漏れの恐れ
コック	● 圧力損失小 ● 急開閉可能 ● 開度明確 ● コンパクト	● シール材の温度制限や損傷し 　やすい ● 高圧流体不適
ダイヤフラム バルブ	● 90°回転開閉のため操作性良 ● 圧力損失小 ● 流量調整可能	● 操作トルク大 ● 加工精度必要 ● 圧力変動大に不向き

適する. **コック**（cock）は円すい状の弁体すなわちプラグ（plug）を 90°回転
させて, 開閉する. 三方弁など流路の切り換えなどに使われる. 流量調整が可
能だが, 回転操作に比較的大きなトルクが必要である. **ダイヤフラムバルブ**
（diaphragm valve）は, 弾性体フラム（膜）を弁箱中央の堰に押し付けたり離
したりして流路を開閉する. 流量調整が可能で弾性体シートで漏洩が全くない,
液だまりもないため, 化学プラントやサニタリー配管で用いられている.

9.4 シール

　シールの機能は, 流体の漏れまたは外部からの異物侵入防止にある. シール
を利用した製品は身近に多数あり, 水筒・時計・カメラなどが代表的製品であ
り, 特に自動車部品にはエンジンヘッドガスケット, シリンダガスケットや
シール材, ドレンボルト座面には銅ワッシャや O リングなど多数利用されて
いる. 種類で分類すると, 静止面の密封に用いるものを**ガスケット**（gasket）,
運動面の密封を行うものを**パッキン**（packing）と呼ぶ. 一般的に使用されて
いるシールは作動原理・形状により分類されている. **表 9.8** にその分類とシー
ル名称, およびシール構造あるいは断面形状を示す.

9.4.1 回転用シール

　オイルシール（oil seal）は表 9.8 に示すように金属環とゴムや樹脂でできた
くさび形の断面形状のリップで構成されている. オイルシールの内径は軸径よ
りも少し小さく設計され, 軸外径面にリップが押し付けられている. リップ上
方にあるコイルばねはリップを軸外径面に様々な運転条件においても緊迫力を
維持する役目を果たしている. ダストリップは外部からの塵や塵の内部への侵
入を防止する役目を果たしている. オイルシールは, **図 9.4** に示すように軸回
転によりリップの大気圧側から内部側（潤滑油側）へ流体を吸い込むポンピン
グ作用によりシール機能を果たしている.

　メカニカルシール（mechanical seal）は表 9.8 に示すように多数の部品から
構成されているが, 主要な部品は軸とともに回転する回転環と機器本体のス
タッフィングボックス（stuffing box）に固定された固定環である. 両方の環
の端面は極めて平滑に仕上げられており, 端面同士をスプリングとシール流体

の圧力により面圧を発生させている．その結果，端面同士が回転摺動して，摺
動面のすきまを小さくすることでシール流体の漏れを最小限にしている．メカ
ニカルシールは，オイルシールと同様な**ポンピング作用**（図 9.4）や漏れ抑制
作用によりシール機能を実現しているとされているが，そのメカニズムは明ら

表 9.8　主なシール名称とその構造（出典：JIS B 0116，JIS B 2405 より抜粋）

分類（総称）	用　途	名　　称	構　造（断面形状）
動的 （パッキン）	回転用	オイルシール	
		メカニカルシール	
		グランドパッキン	
	往復動	Uパッキン	
		Vパッキン	
静的 （ガスケット）	円筒面	Oリング	
	平　面	リングジョイント ガスケット	
		渦巻き形ガスケット	
		ジョイントシート	

かでない．メカニカルシールのシール機能は負圧により発生するキャビテーション（cavitation）や外部からの空気吸い込みに起因する二相流説や表面張力による表面張力説，オイルシールと同様なポンピング作用説がある．

　グランドパッキン（gland packing）は表 9.8 に示すように植物繊維，石綿繊維，合成繊維などを単独あるいは組み合わせて編んだもので，これを**図 9.5**（a）のようにリング状にしてスタッフィングボックスに入れて締め付けて漏れを防止する．圧力に応じて 4 ～ 9 本用い，9 本で 20 MPa の液体圧力に耐える．

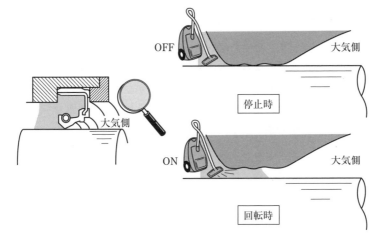

図 9.4　オイルシールのポンピング作用
（出典：工業調査会　山本雄二・關和彦監修 NOK(株)編「はじめてのシール技術」）

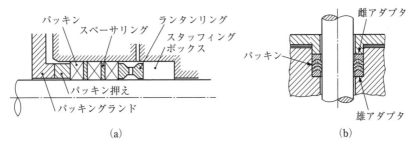

図 9.5　主なパッキンの使用例（出典：JIS B 0116 より抜粋）

9.4.2　往復動用シール

　往復動用シールは主としてゴム材料の**リップパッキン**（lip packing），**O リ**

ング（O‐ring）に代表される**スクイーズパッキン**（squeeze packing）が挙げられる．リップパッキンはシール面にリップ構造を持った**V パッキン**（V packing）や **U パッキン**（U packing）などの総称でシールする相手の軸径や内径に対して締め代を設定し，接触面圧を生じさせてシールしている．V パッキンは圧力に応じて図 9.5（b）のように 3 ～ 5 枚重ねて使用する．5 枚使用時には圧力 30 MPa まで使用できる．シリンダ内径に用いる場合にはバニシ仕上げまたはホーニング仕上げとする．軸表面は熱処理後研削した鋼に硬質クロムめっきを施し，バフ仕上げし表面粗さを 0.8 ～ 1.6 μm R_z にすると最適である．O リングに代表されるスクイーズパッキンは**図 9.6**（a）のようにリップ構造がなく本体そのものが圧縮されることにより面圧を生じさせシールするものである．圧縮による面圧の反力が大きくなるため，組付けが困難となる．そのため，リップパッキンよりもシール性が劣る．しかし，取り扱いが容易で安価な長所もある．短所としてねじれやすくストローク量およびストローク速度が大きいほどねじれ損傷が生じやすい．ねじれ対策としてはリップパッキンなどで代替する．また，始動摩擦が大きく，相手面の材質によっては粘着するため取り扱いに注意が必要である．さらに，内圧が大きい場合，図 9.6（c）のようにはみ出し防止のためバックアップリング（back-up ring）も併用する．

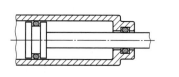 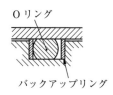

　（a）往復運動用　　　　（b）固定用（円筒面）　　（c）バックアップリング

図 9.6　O リングの適用例（出典：JIS B 2406，JIS B 0116 より抜粋）

9.4.3　ガスケット

　ガスケットは材料として非金属ガスケット，セミメタリックガスケット，金属ガスケットの 3 種類がある．**図 9.7** に平面用の適用例を示す．円筒面用は図 9.6（b）にすでにその適用例を示した．**表 9.9** にそのガ

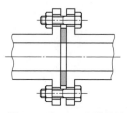

図 9.7　ガスケット適用例
（平面固定用）（出典：JIS B 0151 より抜粋）

スケットの種類と使用限界等の一例を示す.

表 9.9 主なガスケット材料 (出典:JIS B 8243 より抜粋)

ガスケット材料		ガスケット係数 m	最小設計締付圧力 y [N/mm²]	使用限界
ジョイントガスケット(石綿+ゴム)	厚さ 3.2 [mm]	2.00	10.98	300 [℃] 3.5 [MPa]
	厚さ 1.6 [mm]	2.75	25.5	
	厚さ 0.8 [mm]	3.50	44.82	
渦巻き形ガスケット	炭素鋼	2.50	20.4	500 [℃] 30 [MPa]
	ステンレス鋼	3.00	31.6	
リングジョイントガスケット	軟鋼	5.50	124.16	800 [℃] 45 [MPa]
	4~6% Cr 鋼	6.00	150.34	
	ステンレス鋼	6.50	179.27	

m:密封締付圧力と内圧との比, y:フランジ面なじませ締付圧力

(1) フランジガスケット

フランジ式接続により配管流体を表 9.8 や表 9.9 に示したガスケットで気密性を確保する. その際, 配管内流体の使用圧力やガスケットのシール必要面圧を用いて, ボルトに加わる荷重(軸力)を計算し, その荷重から締付けトルクを決定する必要がある. また, フランジ締付け用ボルト・ナットは, 締付け後の高温の材料クリープを考慮し材料を選定する.

(2) 円筒面用ガスケット

円筒面の固定用シールにはゴム製 O リングあるいは中空金属 O リングがよく用いられる. O リングは直径より大きい幅の凹形溝に取り付けられ 10~20%程度つぶされた状態で使用される. O リングは往復運動用として P 系列, 固定用として G 系列が定められている. 材質はニトリルゴム, シリコンゴムなどの合成ゴムで使用温度は -30~120℃ 程度である. O リングの溝寸法はフランジ面に取り付ける場合, 液体圧力が内側から作用するときは, 溝の外壁直径を O リング外径基準とし, 液体圧力が外側から作用するときは, 溝の内側内径を O リングの内径基準とする. 中空金属 O リングは, ステンレス鋼, アルミニウムやモネルメタルなどをリング状に溶接し, めっきや樹脂コーティングをしたものである. 高真空から高圧までの広い適用範囲をもち, 使用温度も -200~500℃ 程度と広い.

9.4.4　シールの選定方法

図9.8に代表的な運動用シールの密封流体圧力と周速度の使用限界条件，図9.9に各種シールの使用温度限界を示す．シールの選択はまず相対運動の有無を見極め，回転運動や往復運動を伴う運動用，固定用のいずれかを決定する必要がある．運動用シールには，つねに密封面間にすきまを保持してシールする非接触シールと少なくとも停止時にはすきまがゼロになる接触シールがある．**ラビリンスシール**（labyrinth seal）といった非接触シールは必ず漏れが発生する．一方，接触シールは漏れを防止できるが摩擦・摩耗が大きくなる．

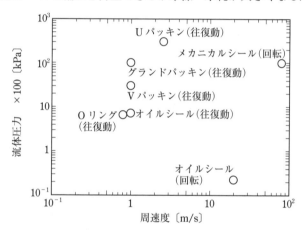

図9.8　各種シールの使用限界条件（目安）
（出典：工業調査会　山本雄二・關和彦監修 NOK(株)編「はじめてのシール技術」）

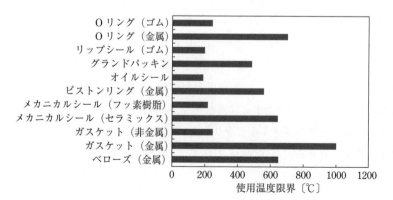

図9.9　各種シールの使用温度限界（目安）
（出典：工業調査会　山本雄二・關和彦監修 NOK(株)編「はじめてのシール技術」）

演習問題

【9.1】 圧力配管用炭素鋼鋼管 STPG370‐S（電気抵抗溶接管）を用いて使用圧力 $p = 6\,\mathrm{MPa}$ とするとき，スケジュール番号を選定せよ．

【9.2】 上述の鋼管に，流量 $Q = 15\,l/\mathrm{min}$，平均流速 $v = 2.8\,\mathrm{m/s}$ の流体が流れたとき，管の内径 d を計算し，表9.4からスケジュール番号を選定せよ．ただし，使用圧力 p は $6\,\mathrm{MPa}$ とする．

【9.3】 渦巻きポンプの吐出量が $20\,l/\mathrm{min}$，平均流速が $2.8\,\mathrm{m/s}$ のとき表9.4からスケジュール番号を選定せよ．ただし，使用圧力 $7\,\mathrm{MPa}$，許容応力 $92\,\mathrm{MPa}$ とする．

【9.4】 32A Sch40 の STPG370‐S（継目無管）が流量 $30\,l/\mathrm{min}$ の水を送っている．管内の平均流速を求めよ．

【9.5】 図9.1（c）のユニオンは管継手としてある特徴を持っている．その特徴とは何か答えよ．

第1章　解答 ————————————————————————

【1.1】a. 標準数は等比級数であるから対数と同様に扱える.

　　　b. 標準数の積や商およびその整数べきも標準数となる.

　　　c. 標準数には工業的に用いられている数値の近似値が含まれている.

【1.2】　1.00, 2.00, 4.00, 8.00, ………

【1.3】　表 1.6 および［例題 1.1］を参照.

$$\sigma = \frac{P}{A} = \frac{4P}{\pi d^2} = \frac{4 \times 5\,000}{\pi \times 400} = 15.9\,\text{MPa}$$

$$\varepsilon = \frac{\sigma}{E} = \frac{15.9}{206 \times 1\,000} = 7.7 \times 10^{-5}$$

$$\lambda = \varepsilon l = 7.7 \times 10^{-5} \times 500 = 0.039\,\text{mm}$$

$$\underline{\sigma = 15.9\,\text{MPa}, \ \varepsilon = 7.7 \times 10^{-5}, \ \lambda = 0.039\,\text{mm}}$$

【1.4】　丸棒の最小断面積の直径 $d = D - 2\rho = 40 - (2 \times 5) = 30\,\text{mm}$

断面積 $A = \dfrac{\pi d^2}{4} = \dfrac{\pi \times 900}{4} = 707\,\text{mm}^2$

したがって,

公称引張応力 $\sigma_t = \dfrac{P}{A} = \dfrac{6\,000}{707} = 8.5\,\text{MPa}$

図 1.7 において, この場合 $\dfrac{2\rho}{D} = 0.25$ であるので引張りに対して $\alpha = 2.0$ である.

よって,

最大引張応力 $\sigma_{max} = \alpha \cdot \sigma_t = 2.0 \times 8.5 = 17.0\,\text{MPa}$

また, ねじりモーメント T により生じる公称せん断応力

$$\tau_t = \frac{16T}{\pi d^3} = \frac{16 \times 100 \times 1\,000}{\pi \times 27 \times 1\,000} = 18.9\,\text{MPa}$$

この場合ねじりに対して $\alpha = 1.5$ である.

よって,

最大せん断応力 $\tau_{max} = \alpha \cdot \tau_t = 1.5 \times 18.9 = 28.4\,\text{MPa}$

最大引張応力 $\sigma_{max} = 17.0$ MPa, 最大せん断応力 $\tau_{max} = 28.4$ MPa

【1.5】 ゾンダーベルグ線図の関係式および片振りの条件より,

$$\frac{\sigma_a}{\sigma_w} + \frac{\sigma_m}{\sigma_y} = 1, \quad \sigma_a = \sigma_m$$

両式より,

$$\sigma_a = \sigma_m = \frac{\sigma_y \cdot \sigma_w}{\sigma_y + \sigma_w} = \frac{70\,000}{550} = 127 \text{ MPa}$$

127 MPa

【1.6】 $\eta = \dfrac{\beta - 1}{\alpha - 1} = \dfrac{2.0}{2.5} = 0.8$

$\eta = 0.8$

【1.7】 マイナーの線形累積損傷則

$\dfrac{n_1}{N_1} + \dfrac{n_2}{N_2} = 1$ を用いて,

$\dfrac{n_1}{2 \times 10^6} + \dfrac{n_2}{10 \times 10^6} = 1$ より, $n_1 = 8 \times 10^5$

残りの負荷繰返し数 $n_1 = 8 \times 10^5$

【1.8】 SNC415 の回転曲げ疲れ限度は付表 3 より $\sigma_{wo} = 300$ MPa

この場合 $\dfrac{2\rho}{D} = 0.5$ であるので図 1.7 より曲げに対して

$\alpha = 1.25$, すなわち, $\beta = 1.25$ である.
よって, 実物の疲れ限度 σ_{wk} は

$$\sigma_{wk} = \frac{\sigma_{wo}}{\beta} = \frac{300}{1.25} = 240 \text{ MPa}$$

次に最小断面に生じる公称曲げ応力 σ_b, すなわち, 許容応力は

$$\sigma_b = \frac{M}{Z} = \frac{32}{\pi d^3} M = \frac{32 \times 15 \times 100}{\pi \times 1\,000} = 153 \text{ MPa}$$

したがって安全率 S は

$$S = \frac{\sigma_{wk}}{\sigma_b} = \frac{240}{153} = 1.57$$

安全率 $S = 1.57$

【1.9】 表 1.9 より，公差等級 IT7 のこの寸法の穴と軸の公差 T, t は 0.025 mm．H 穴の下の寸法許容差 EI は零，h 軸の上の寸法許容差 es は零である．

したがって，

穴の最小許容寸法 $B = C + EI = 50.000 + 0.000 = 50.000$ mm

穴の最大許容寸法 $A = B + T = 50.000 + 0.025 = 50.025$ mm

軸の最大許容寸法 $a = c - es = 50.000 - 0.000 = 50.000$ mm

軸の最小許容寸法 $b = a - t = 50.000 - 0.025 = 49.975$ mm

穴の最小許容寸法 $B = 50.000$ mm, 穴の最大許容寸法 $A = 50.025$ mm

軸の最大許容寸法 $a = 50.000$ mm, 軸の最小許容寸法 $b = 49.975$ mm

【1.10】 矩形波の場合

$$0 \leqq x < \frac{l_1}{2} : Z(x) = h$$

$$\frac{l_1}{2} \leqq x < l_1 : Z(x) = -h$$

$$Ra = \frac{1}{l_1}\int_0^{l_1}|Z(x)|dx = \frac{1}{l_1}\left\{\int_0^{\frac{l_1}{2}}|h|dx + \int_{\frac{l_1}{2}}^{l_1}|-h|dx\right\} = \frac{1}{l_1}\left(\frac{hl_1}{2} + hl_1 - \frac{hl_1}{2}\right) = h$$

正弦波の場合

$Z(x) = h \sin x$, この場合 $l_1 = 2\pi$ とする

$$Ra = \frac{1}{2\pi}\int_0^{2\pi}|h\sin x|dx = \frac{h}{2\pi}\left\{\int_0^{\pi}\sin x\,dx + \int_{\pi}^{2\pi}-\sin x\,dx\right\}$$

$$= \frac{h}{2\pi}\left\{\left[-\cos x\right]_0^{\pi} + \left[\cos x\right]_{\pi}^{2\pi}\right\}$$

$$= \frac{h}{2\pi}\left\{-(-1)-(-1)+1-(-1)\right\} = \frac{h}{2\pi}(4) = \frac{2h}{\pi}$$

矩形波の場合：$Ra = h$, 正弦波の場合：$Ra = \frac{2h}{\pi}$

第2章　解答

【2.1】 式 (2.1) より, $l = nP = 3 \times 4 = 12\,\text{mm}$

リード $l = 12\,\text{mm}$

【2.2】 [例題 2.2] より $\phi' = \tan^{-1}\dfrac{\mu}{\cos\left(\dfrac{\alpha}{2}\right)} = \tan^{-1}\dfrac{0.1}{\cos\left(\dfrac{60°}{2}\right)} = 6.587°$

表 2.1 より, M20 では $P = 2.5\,\text{mm}$, $n = 1$, $d_2 = 18.376\,\text{mm}$

式 (2.1) と式 (2.2) より, $\theta = \tan^{-1}\left(\dfrac{nP}{\pi d_2}\right) = \tan^{-1}\left(\dfrac{1 \times 2.5}{\pi \times 18.376}\right) = 2.481°$

式 (2.13) より, $\eta = \dfrac{\tan\theta}{\tan(\phi + \theta)} = \dfrac{\tan 2.481°}{\tan(6.587° + 2.481°)} = 0.271$

効率 $\eta = 27\%$

【2.3】 $\tan\theta = \dfrac{l}{\pi d_p} = \dfrac{10}{\pi \times 33} = 0.0965$, $\theta = 5.512°$

$\tan\phi = 0.003$　　$\phi = 0.1719°$

式 (2.13) より, $\eta = \dfrac{\tan\theta}{\tan(\phi' + \theta)} = \dfrac{\tan 5.512°}{\tan(5.512° + 0.1719°)} = 0.970$

効率 $\eta = 97\%$

【2.4】 角ねじ $\phi = \tan^{-1}\mu$, 三角ねじ $\phi' = \tan^{-1}\mu' = \tan^{-1}\dfrac{\mu}{\cos\left(\dfrac{\alpha}{2}\right)}$ より, $\phi < \phi'$

式 (2.13) より, 角ねじ効率 $\eta >$ 三角ねじの効率 η' となる.
角ねじのほうが効率がよい.

【2.5】 軸方向荷重とねじりトルクを同時に受けるから, 式 (2.25) より,

$$W \leq \dfrac{3A_s\sigma_{al}}{4} = \dfrac{3 \times 115 \times 56}{4} = 4\,830 \approx 4\,800\,\text{N}$$

4.8 kN

【2.6】 軸方向荷重だけを受けるから，式 (2.18) より，$A_s \geq \dfrac{W}{\sigma_{al}} = \dfrac{8\,000}{50} = 160\ \text{mm}^2.$
したがって，M18 である．式 (2.31) より，

$$L = \frac{4WP}{\pi q\,(d^2 - D_1^2)} = \frac{4 \times 8\,000 \times 2.5}{\pi \times 12 \times (18^2 - 15.294^2)} = 23.6 \approx 24\ \text{mm}$$

<u>M18，ねじ部の長さ 24 mm</u>

【2.7】 M10 のボルト：有効断面積 $A_s = 58.0\ \text{mm}^2\ (d_A = 8.593\ \text{mm})$，有効径 $d_2 = 9.023\ \text{mm}$，ピッチ $P = 1.5\ \text{mm}$．よって，リード角 $\theta = 0.0528\ \text{rad}$．ねじ面の摩擦係数は 0.2 なので，ねじ山の角度を考慮して，

摩擦角 $\phi = \tan^{-1} \dfrac{\mu}{\cos(\alpha/2)} = 0.231\ \text{rad}$

ボルト穴径を $d_h = 10.1\ \text{mm}$（10 mm 以上の適切な寸法を各自決定してもよい），二面幅 $B = 16\ \text{mm}$ として，(2.12) 式を用いて，軸力 $W = 254\ \text{N}$
軸力とねじりトルクを同時に受けるので，締付けトルク 500 N·mm を用いてせん段応力 $\tau = 4.01\ \text{MPa}$，軸力 $W = 254\ \text{N}$ を用いて引張応力 $\sigma_t = 4.38\ \text{MPa}$
軸力とねじりトルクを同時に受けるので，(2.23) 式により，最大主応力 $\sigma_1 = 6.75\ \text{MPa}$
ボルト材料の許容引張応力は 20 MPa であるので，ボルト 1 本には，さらに $(20 - 6.75)\,A_s = 768\ \text{N}$ 負荷できる．治具はボルト 4 本で固定されているので，治具がつり下げることができる最大質量 $m = 4 \times \dfrac{768}{9.81} = \underline{313\ \text{kg}}$ である．

【2.8】 M12 ボルト：有効面積 $A_s = 84.3\ \text{mm}^2.$

(a) ボルトのばね定数は $k_b = \dfrac{A_s E}{l} = \dfrac{84.3 \times 200 \times 10^3}{40} = 421.5 \times 10^3$

<u>ボルトのばね定数 $k_b = 420\ \text{kN/mm}$</u>

(b) ボルトに作用する初期荷重 $W_0 = 3.0\ \text{kN}$，$P = 4.0\ \text{kN}$．式 (2.16) より

$$W_b = W_0 + \frac{k_b}{k_b + k_t}\,P = 3.0 \times 10^3 + \frac{420 \times 10^3}{420 \times (1 + 3) \times 10^3} \times 4.0 \times 10^3 = 4.0 \times 10^3\ \text{N}$$

<u>ボルトに作用する軸荷重 $W_b = 4.0\ \text{kN}$</u>

(c) 式 (2.17) より，

$$W_t = W_0 - \frac{k_t}{k_b + k_t} P = 3.0 \times 10^3 - \frac{3 \times 420 \times 10^3}{420 \times (1 + 3) \times 10^3} \times 4.0 \times 10^3 = 0 \quad \text{N}$$

したがって，外力が 4.0 kN 以下であれば流体は理論上漏れない.

フランジ部の締結力 $W_t = 0$

(d) 式 (2.18) より $\sigma_t = \dfrac{W_b}{A_s} = \dfrac{4.0 \times 10^3}{84.3} = 47.4$ MPa. 　外力が作用しても許容応力以下.

ボルトに生じている応力 $\sigma_t = 47.4$ MPa で，許容応力以下.

第 3 章 　解答

【3.1】 式 (3.4) より, $T = 9.55 \times 10^3 \dfrac{P}{n} = 9.55 \times 10^3 \times \dfrac{15\,000}{800} = 1.790 \times 10^5$ N・mm

式 (3.7) より, $d = 36.5 \sqrt[3]{\dfrac{P}{\tau_{al} n}} = 36.5 \sqrt[3]{\dfrac{15 \times 10^3}{40 \times 800}} = 28.4$ mm

ねじりトルク $T = 1.790 \times 10^5$ N・mm,

軸の直径 $d = 28.4$ mm，したがって，表 3.1 から，軸の直径は 30 mm

【3.2】 [**例題 3.3**] より $\dfrac{d_2}{d} = \dfrac{1}{\sqrt[3]{1 - k^4}}$

$A = \dfrac{\pi}{4} d^2,\ A_1 = \dfrac{\pi}{4} (d_2^2 - d_1^2)$ より, $\dfrac{A_1}{A} = \dfrac{d_2^2 - d_1^2}{d^2} = \dfrac{1 - \left[\dfrac{d_1}{d_2}\right]^2}{\left[\dfrac{d}{d_2}\right]^2}$

$= \dfrac{1 - k^2}{\sqrt[3]{(1 - k^4)^2}}$

例えば，$k = 0.6$ のとき，$\dfrac{d_2}{d} \approx 1.05$，$\dfrac{A_1}{A} \approx 0.7$ となる. すなわち，同じ強さである中実軸に比べ，中空軸では外径はわずかに大きくなるが，約 30 % の軽量化が可能となる.

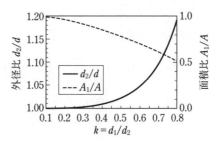

[3.3] 式 (3.8) より, $P = \dfrac{n}{9.55 \times 10^3}\, \tau_{al}\, \dfrac{\pi}{16}\, d_2^3\, (1 - k^4)$

$= \dfrac{800}{9.55 \times 10^3} \times 20 \times \dfrac{\pi}{16} \times 60^3 \times \left\{ 1 - \left[\dfrac{48}{60} \right]^4 \right\} = 41.93 \times 10^3\,\text{W}$

演習問題 **【3.2】** より, $\dfrac{A_1}{A} = \dfrac{1 - k^2}{\sqrt[3]{(1 - k^4)^2}} = \dfrac{1 - 0.8^2}{\sqrt[3]{(1 - 0.8^4)^2}} = 0.512$

動力 $P = 42\,\text{kW}$, 断面積の比 $\dfrac{A_1}{A} = 0.51$

【3.4】 式 (3.4) より, $T = 9.55 \times 10^3\, \dfrac{P}{n} = 9.55 \times 10^3 \times \dfrac{24\,000}{500} = 4.584 \times 10^5\,\text{N·mm}$

$M = 4.0 \times 10^5$ N·mm であるので,

式 (3.17) より, $T_e = \sqrt{T^2 + M^2} = \sqrt{4.584^2 + 4.0^2} \times 10^5 \approx 6.084 \times 10^5\,\text{N·mm}$

式 (3.18) より, $M_e = \dfrac{M + \sqrt{T^2 + M^2}}{2} = \dfrac{4.0 \times 10^5 + \sqrt{4.584^2 + 4.0^2} \times 10^5}{2}$

$\approx 5.042 \times 10^5\,\text{N·mm}$

中空軸の Z と Z_p は,

$Z = \dfrac{\pi}{32} \left[\dfrac{d_2^4 - d_1^4}{d_2} \right] = \dfrac{\pi}{32} \times \left[\dfrac{50^4 - 40^4}{50} \right] = 7.242 \times 10^3\,\text{mm}^3$

$Z_p = \dfrac{\pi}{16} \left[\dfrac{d_2^4 - d_1^4}{d_2} \right] = 2Z = 2 \times 7.242 \times 10^3 = 1.448 \times 10^4\,\text{mm}^3$

式 (3.10) と式 (3.5) より,

$\sigma_b = \dfrac{M_e}{Z} = \dfrac{5.042 \times 10^5}{7.242 \times 10^3} = 69.6\,\text{MPa}, \quad \tau = \dfrac{T_e}{Z_p} = \dfrac{6.084 \times 10^5}{1.448 \times 10^4} = 42.0\,\text{MPa}.$

許容曲げ応力 $\sigma_{al} \geqq 70\,\text{MPa}$, 許容ねじり応力 $\tau_{al} \geqq 42\,\text{MPa}$

【3.5】 $T = (10 - 2.0) \times 10^3 \times \dfrac{250}{2} = 1.0 \times 10^6$ N·mm

$M = (10 + 2.0) \times 10^3 \times 100 = 1.2 \times 10^6$ N·mm

式 (3.17) より, $T_e = \sqrt{T^2 + M^2} = \sqrt{1.0^2 + 1.2^2} \times 10^6 \approx 1.56 \times 10^6\,\text{N·mm}$

式 (3.18) より, $M_e = \dfrac{M + T_e}{2} = \dfrac{1.2 \times 10^6 + 1.56 \times 10^6}{2} \approx 1.38 \times 10^6\,\text{N·mm}$

式 (3.15) より, $d = \sqrt[3]{\dfrac{5T_e}{\tau_{al}}} = \sqrt[3]{\dfrac{5 \times 1.56 \times 10^6}{42}} = 57.0\,\text{mm}$

式 (3.16) より，$d = \sqrt[3]{\dfrac{10M_e}{\sigma_{al}}} = \sqrt[3]{\dfrac{10 \times 1.38 \times 10^6}{70}} = 58.2\ \text{mm}$

表 3.1 より，軸径は 60 mm となる．

【3.6】 $I_p = \dfrac{\pi d^4}{32} = \dfrac{\pi \times 60^4}{32} = 1.272 \times 10^6\ \text{mm}^4$

[例題 3.5] より，$\theta = 547 \times 10^3\ \dfrac{Pl}{nGI_p} = 547 \times 10^3 \times \dfrac{10\,000 \times 1\,000}{300 \times 79.4 \times 10^3 \times 1.272 \times 10^6}$

$\qquad\qquad = 0.181°$

1 m 当たり 0.18° のねじれ角．

【3.7】 式 (3.26) より，$C = 48$ で，式 (3.25) より，$k = \dfrac{CEI}{l^3} = \dfrac{3\pi E}{4l^3}\ d^4$ 〔N/m〕

式 (3.14) より，$N_C = 9.55\sqrt{\dfrac{k}{m}} = 9.55\sqrt{\dfrac{3\pi E}{4ml^3}d^4}$ 〔rpm〕 であるから

$d = \sqrt[4]{\left(\dfrac{N_C}{9.55}\right)^2 \times \dfrac{4ml^3}{3\pi E}} = \sqrt[4]{\left(\dfrac{900}{9.55}\right)^2 \times \dfrac{4 \times 20 \times 1^3}{3 \times \pi \times 2.06 \times 10^{11}}} = 2.46 \times 10^{-2}\ \text{m}$

表 3.1 より軸径は 25 mm

第 4 章 解答

【4.1】 規格より，内径 25 mm，外径 52 mm，幅 15 mm の単列深溝玉軸受．

【4.2】 深溝玉軸受 (内径 30 mm，外径 55 mm，幅 13 mm)，両シールド付き，止め輪付き．

【4.3】 表 4.11 より，深溝玉軸受 6206 の基本定格荷重 C_r は 19.5 kN．式 (4.22) より基本定格寿命は 1.017×10^7．寿命時間は $1.017 \times 10^7/200 = 5.085 \times 10^4\ \text{min}$

【4.4】 玉軸受で $\dfrac{1}{k^3}$，ころ軸受で $\dfrac{1}{k^{\frac{10}{3}}}$

【4.5】 **[例題 4.2]** と同様にして，動等価荷重 $P = 5.14$ kN，基本定格寿命 $L_{10} = 2.77 \times 10^2$（単位は 10^6）

【4.6】 8 年間の使用時間は，$42 \times 52 \times 8 = 17\,472$ 時間．演習問題【4.5】と同様に

して寿命時間を求めると16 222時間となり，不適である．

【4.7】 (1) ラジアル荷重 $\dfrac{(1.2 + 0.6) \times 500}{300} = 3\,\mathrm{kN}$，アキシャル荷重 0

(2) ラジアル荷重 $\dfrac{1.8 \times 200}{300} = 1.2\,\mathrm{kN}$，アキシャル荷重 $0.41\,\mathrm{kN}$

(3) 表4.11の深溝玉軸受から内径35 mmの6807，6907，16007，6007，6207，6307から選定する．軸受A：定格寿命15 000時間より $L_{10} = 2.7 \times 10^8$，および $P = 3\,\mathrm{kN}$ を式（4.22）に代入して，$C_r \geqq 19.4\,\mathrm{kN}$．これを満たす最小の軸受は，6207．軸受B：6807で考えると，定格寿命は3 410時間となり不適．6907で考えると，定格寿命は27 700時間となり適す．

【4.8】 式（4.3）に与えられた条件を代入して粘性係数を求める．

軸受幅 $l = 0.1\,\mathrm{m}$，軸受半径 $r = 0.05\,\mathrm{m}$，すきま比 $\dfrac{c}{r} = \dfrac{1}{1\,000}$ より，すきま $c = 0.00005\,\mathrm{m}$，すべり速度 $V = 5.236\,\mathrm{m/s}$，角速度 $\omega = 104.72\,\mathrm{s}^{-1}$．消費動力 L は $L = T \cdot \omega$（T：トルク）で与えられるので，式（4.3）より，

$$\eta = \frac{c}{2\pi r^2 l V} \frac{L}{\omega} = 0.004065\,\mathrm{Pa \cdot s}.$$

よって，$\eta < 4.065\,\mathrm{mPa \cdot s}$

第5章　解答

【5.1】 小歯車の値には添字1，大歯車の値には添字2を付ける．圧力角 $\alpha = 20°$，モジュール $m = 2$，頂げき $c = 0.25\,m$
中心距離 $a = 100\,\mathrm{mm}$，歯数比 $i = 4$ より，小歯車歯数 $z_1 = 20$，大歯車歯数 $z_2 = 80$
基準円直径　$d_1 = m z_1 = 40\,\mathrm{mm}$，$d_2 = 160\,\mathrm{mm}$
歯先円直径　$d_{a1} = m(z_1 + 2) = 44\,\mathrm{mm}$，$d_{a2} = 164\,\mathrm{mm}$
歯底円直径　$d_{f1} = m(z_1 - 2.5) = 35\,\mathrm{mm}$，$d_{f2} = 155\,\mathrm{mm}$
基礎円直径　$d_{b1} = m z_1 \cos\alpha = 37.588\,\mathrm{mm}$，$d_{b2} = 150.351\,\mathrm{mm}$
基礎円ピッチ　$p_b = m\pi \cos\alpha = 5.904\,\mathrm{mm}$

かみあい率　$\varepsilon_a = \dfrac{\sqrt{(d_{a1}^{\ 2} - d_{b1}^{\ 2})/4} + \sqrt{(d_{a2}^{\ 2} - d_{b2}^{\ 2})/4} - a\sin\alpha}{p_b} = 1.691$

小歯車歯数 $z_1 = 20$，大歯車歯数 $z_2 = 80$，基準円直径 $d_1 = 40$ mm，$d_2 = 160$ mm，歯先円直径 $d_{a1} = 44$ mm，$d_{a2} = 164$ mm，歯底円直径 $d_{f1} = 35$ mm，$d_{f2} = 155$ mm，基礎円直径 $d_{b1} = 37.588$ mm，$d_{b2} = 150.351$ mm，基礎円ピッチ 5.904 mm，中心距離 122 mm，かみあい率 1.691

【5.2】

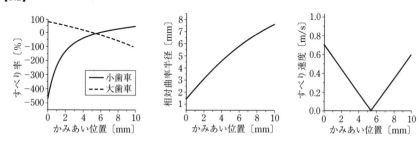

【5.3】　基準圧力角 $\alpha = 20°$，モジュール $m = 2$，歯数 $z_1 = 35$，$z_2 = 49$，小歯車転位係数 $x_1 = 0.3$，大歯車転位係数 $x_2 = -0.1$，バックラッシ $j_{bt} = 0$ mm．

転位しても基礎円ピッチおよび基礎円直径は変わらないので，基礎円ピッチ $p_b = m\pi\cos\alpha = 5.904$ mm．

基礎円直径　$d_{b1} = mz_1\cos\alpha = 65.778$ mm，$d_{b2} = mz_2\cos\alpha = 92.090$ mm．

かみあい圧力角　$inv\,\alpha' = \dfrac{2(x_1 + x_2)\tan\alpha + j_{bt}/(m\cos\alpha)}{z_1 + z_2} + inv\,\alpha = 0.016638$

$(\alpha' = 20.72°)$

中心距離　$a = \dfrac{d_{b1} + d_{b2}}{2\cos\alpha'} = \dfrac{m(z_1 + z_2)\cos\alpha}{2\cos\alpha'} = 84.393$ mm

かみあいピッチ円直径　$d_1' = \dfrac{2z_1 a}{z_1 + z_2} = 70.327$ mm，$d_2' = \dfrac{2z_2 a}{z_1 + z_2} = 98.459$ mm

歯先円直径　$d_{a1} = m(z_1 + 2x_1 + 2) = 75.2$ mm，$d_{a2} = m(z_2 + 2x_2 + 2) = 101.6$ mm

かみあい率　$\varepsilon_a = \dfrac{\sqrt{(d_{a1}^{\ 2} - d_{b1}^{\ 2})/4} + \sqrt{(d_{a2}^{\ 2} - d_{b2}^{\ 2})/4} - a\sin\alpha'}{\pi m\cos\alpha} = 1.664$

基礎円ピッチ 5.904mm，基礎円直径 $d_{b1} = 65.778$ mm，$d_{b2} = 92.090$ mm，かみあい圧力角 20.72°，かみあいピッチ円直径 $d_1' = 70.327$ mm，$d_2' = 98.459$

mm，歯先円直径 d_{a1} = 75.2 mm，d_{a2} = 101.6 mm，中心距離 84.393 mm，か
みあい率 1.664

【5.4】 ［**例題 5.6**］の歯先の歯厚 s_a の式により，s_a = − 0.029 ＜ 0 ゆえ，歯先とがり限
界を超えている．

【5.5】 ［**例題 5.4**］より，切下げを生じない転位係数は $x_c \geqq 0.298$

【5.6】 軸直角モジュール m_t = 4.314，軸直角圧力角 α_t = 21.433°，
基準円直径 d_{t1} = 81.966 mm，d_{t2} = 181.188 mm
歯先円直径 d_{at1} = 89.968 mm，d_{at2} = 189.193 mm
基礎円直径 d_{bt1} = 76.300 mm，d_{bt2} = 168.663 mm
中心距離 a = 131.580 mm
基礎円ピッチ 12.616 mm
これらを，式（5.17）および式（5.18）に代入して，

$$正面かみあい率 \quad \varepsilon_a = \frac{\sqrt{(d_{at1}{}^2 - d_{bt1}{}^2)/4} + \sqrt{(d_{at2}{}^2 - d_{bt2}{}^2)/4} - a \sin \alpha_t}{\pi m_t \cos \alpha_t} = 1.475$$

$$重なりかみあい率 \quad \varepsilon_b = \frac{b \tan \beta_b}{p_{bt}} = 1.192$$

$$全かみあい率 \quad \varepsilon = \varepsilon_a + \varepsilon_b = 2.667$$

全かみあい率 2.667

【5.7】 各種係数の選択により値は異なる．下記は一例．
基準円直径 160 mm，歯数 40 枚よりモジュールは 4．表 5.7 より S48C の許容
曲げ応力 $\sigma_{F\lim}$ = 255 MPa．図 5.17 より歯形係数 Y_F は 2.41．式（5.22）より，
基準円の接線方向に作用する力 $F_t = \sigma_F bm/Y_F$．ここで，簡単のため式（5.24）
に示された各種係数を無視し，$\sigma_F = \sigma_{F\lim}$ とすると，F_t = 21.16 kN．基準円
周速度は 5.026 m/s ゆえ，伝達動力 $P = 1.06 \times 10^2$ kW

【5.8】 各種係数の選択により値は異なる．下記は一例．
表 5.7 より SCM440 の許容曲げ応力 $\sigma_{F\lim}$ = 324 MPa，許容接触応力 $\sigma_{H\lim}$ =
794 MPa．
N_1 = 1 600 rpm，N_2 = 250 rpm より，歯数比 i = 6.40，小歯車歯数 z_1 = 30 より，

大歯車歯数 $z_2 = z_1 \times i = 192$, 基準円周速度 v は, $v = \dfrac{\pi m z_1 N_1}{60\,000} = 12.57\,\mathrm{m/s}$, 基準円周力 F_t は, $F_t = 3.98\,\mathrm{kN}$.

曲げ強さ：図 5.17 より歯形係数 Y_F は, $Y_F = 2.53$（小歯車）, $Y_F = 2.15$（大歯車）, $Y_\varepsilon = 1/$（かみあい率）$= 1/1.782 = 0.561$, $Y_\beta = 1$, 表 5.3 より $K_V = 1.3$（歯車精度 1 級とする）, $K_O = 1.0$（均一負荷）, 安全率 $S_F = 1.2$ とすると, 式 (5.24) より $F_t Y_F Y_\varepsilon Y_\beta K_V K_O S_F / (m_n \sigma_{F\lim}) \leqq b$. よって, $b > 5.44\,\mathrm{mm}$.

面圧強さ：$Z_H = 2.49$, $Z_M = 190 \times 10^3\,\mathrm{Pa}^{1/2}$, $Z_\varepsilon = 1$, 表 5.6 より $K_{H\beta} = 1.0$, 安全率 $S_H = 1.2$ とすると, 式 (5.25) より

$$\frac{F_t}{\sigma^2_{H\lim} d_1} \frac{i+1}{i} (Z_H Z_M \cdot Z_\varepsilon)^2 K_{H\beta} K_V K_O S_H{}^2 \leqq b_H. \quad \text{よって } b_H > 20.4\,\mathrm{mm}.$$

したがって, 21 mm 以上の歯幅が必要.

【5.9】 図 5.19 より, $W = p_b z_m - \dfrac{d_b}{2} 2\eta$. これに, 式 (5.9) より求まる η を代入して式 (5.31) が求まる.

【5.10】 図 5.21 のようにピンの中心を通るインボリュート曲線を考えると,

$$inv\,\phi = \frac{D_M}{d_b} - \eta. \quad \text{これに, 式 (5.9) より求まる } \eta \text{ を代入して式 (5.33) が求まる.}$$

図 5.21 より, 歯数が偶数の場合の式 (5.32a) は $M_d = \dfrac{zm \cos \alpha}{\cos \phi} + D_M$. 図 5.20 を参考にして, 歯数が奇数の場合は $M_d = \dfrac{zm \cos \alpha}{\cos \phi} \cos \dfrac{\pi}{2z} + D_M$.

第 6 章　解答

【6.1】 平行掛け

$\phi \approx 0.0375\,\mathrm{rad}$ $(2.149°)$, 接触角 $\theta \approx 3.217$, $3.067\,\mathrm{rad}$ $(184.298°,\ 175.702°)$

$$L = 3.067 \times \frac{250}{2} + 3.217 \times \frac{400}{2} + 2 \times 2\,000 \cos 2.149° \approx 5\,024\,\mathrm{mm}$$

十字掛け

$\phi \approx 0.163\,\mathrm{rad}$ $(9.352°)$, 接触角 $\theta \approx 3.468\,\mathrm{rad}$ $(198.704°)$

$$L = 3.468 \times \frac{250}{2} + 3.468 \times \frac{400}{2} + 2 \times 2\,000 \cos 9.352° \approx 5\,074\,\mathrm{mm}$$

平行掛けの場合 $L = 5\,024\,\mathrm{mm}$, 十字掛けの場合 $L = 5\,074\,\mathrm{mm}$

【6.2】 $M = (3\,000 - 1\,500) \times 0.400 = 600\,\text{N}\cdot\text{m}$

$$P = M\omega_1 = 600 \times \frac{2\pi \times 1\,800}{60} \approx 113\,\text{kW}$$

伝達動力 $P = 113\,\text{kW}$

【6.3】 $v = \dfrac{\pi dn}{60} = \dfrac{\pi \times 0.250 \times 1\,750}{60} \approx 22.91\,\text{m/s}$

$T_t = \sigma_a A = 2.5 \times 10^6 \times 0.007 \times 0.050 = 875\,\text{N}$

$m = \rho A = 1\,000 \times 0.007 \times 0.050 = 0.350\,\text{kg/m}$

$mv^2 = \rho A v^2 = 0.350 \times 22.91^2 \approx 183.5\,\text{N}$

$e^{\mu\theta} = e^{0.25 \times 140° \times \frac{\pi}{180°}} \approx 1.842$

$$T_e = (T_t - mv^2) \times \frac{e^{\mu\theta}-1}{e^{\mu\theta}} = (875 - 183.5) \times \frac{1.842-1}{1.842} \approx 316.1\,\text{N}$$

$$P = T_e v = \frac{316.1 \times 22.91}{1\,000} \approx 7.2\,\text{kW}$$

伝達動力 $P = 7.2\,\text{kW}$

【6.4】 $\mu' = \dfrac{\mu}{\sin\dfrac{\alpha}{2} + \mu\cos\dfrac{\alpha}{2}} = \dfrac{0.40}{\sin 19° + 0.40\cos 19°} \approx 0.57$

見かけの摩擦係数 $\mu' = 0.57$

【6.5】 (1) 細幅 V ベルトの種類の選定

$K_0 = 1.2$（表 6.6），$K_i = 0$，$K_e = 0$ から，設計動力 $P_d = P_N \times K_0 = 22 \times 1.2 = 26.4\,\text{kW}$

小プーリ回転速度 $n_1 = 1\,425\,\text{rpm}$

∴以上から図 6.12 を参照して〈5V〉を選定する．

(2) 細幅 V プーリの決定

設計仕様から，小プーリ外径 $d_e = 180\,\text{mm}$（小プーリ直径 $d_m = 177.4\,\text{mm}$）（表 6.4）

〈JIS B 1855 180-5V〉であるので，

$$i = \frac{D_m}{177.4} = \frac{1\,425}{1\,000} = 1.425, \quad D_m \approx 252.8\,\text{mm}$$

∴ $D_m = 247.4\,\text{mm}$，$D_e = 250\,\text{mm}$〈JIS B 1855 250-5V〉を選定する．

(3) 細幅 V ベルトの長さの選定と軸間距離の決定

$$L' = 2 \times 1\,050 + \pi \times \frac{250 + 180}{2} + \frac{(250 - 180)^2}{4 \times 1\,050} \approx 2\,777 \text{ mm}$$

∴表 6.3 から，$L = 2\,845$ mm 〈JIS K 6368 5V‑1120〉を選定する．

式 (6.19) より，$B = 2\,845 - \dfrac{\pi}{2} \times (250 + 180) \approx 2\,169.6$ mm, ∴ $C \approx 1\,084$ mm

(4) 細幅 V ベルトの所要本数の決定

表 6.7 から，基準伝動容量は 11.31 kW，回転比による付加伝動容量は 1.08 kW
ベルト 1 本当たりの補正伝動容量 $P_c = P_{rs} K_L K_\theta = (11.31 + 1.08) \times 0.98 \times 0.99$
≈ 12.0 kW

$$Z = \frac{P_d}{P_c} = \frac{26.4}{12.0} = 2.2, \quad \therefore \text{3 本}$$

<u>細幅 V ベルト JIS K 6369 5V‑1120，所要本数 3 本</u>
<u>細幅 V プーリ JIS B 1855 180‑5V3，JIS B 1855 250‑5V3</u>

【6.6】 $X_0 = \dfrac{2 \times 1\,000}{25.40} + \dfrac{17 + 34}{2} + 25.40 \times \dfrac{\left\{\dfrac{34-17}{2\pi}\right\}^2}{1\,000} \approx 104.4$

$$a = 25.40 \times \frac{78.5 + \sqrt{78.5^2 - 2\left[\dfrac{34-17}{\pi}\right]^2}}{4} \approx 995 \text{ mm}$$

<u>リンク数 $X_0 = 104$，正確な軸間距離 $a = 995$ mm</u>

第 7 章　解答

【7.1】 $T = N_p \mu (A p_{al}) \dfrac{D_m}{2} = 1 \times 0.40 \times \dfrac{\pi(0.250^2 - 0.180^2)}{4} \times 0.35 \times 10^6 \times \dfrac{0.215}{2}$
$\approx 355.8 \text{ N·m}$

$$P = T \frac{2\pi n}{60} = 355.8 \times \frac{2\pi \times 1\,000}{60} \approx 37 \text{ kW}$$

<u>伝達動力 $P = 37$ kW</u>

【7.2】 $T = \dfrac{60P}{2\pi n} = \dfrac{60 \times 16 \times 10^3}{2\pi \times 120} \approx 1\,273 \text{ N·m}$

$$D_m = \sqrt{\frac{2T}{\mu \pi b p_{al}}} = \sqrt{\frac{2 \times 1\,273}{0.15 \times \pi \times 0.060 \times 1.5 \times 10^6}} \approx 0.245 \text{ m}$$

$D_m = \dfrac{D_2 + D_1}{2}$ なので，$D_2 + D_1 = 0.490\,\text{m}$　　　　　(1)

また，題意より $D_2 - D_1 = 0.120\,\text{m}$　　　　　(2)

以上の 2 式より ∴ $D_2 = 0.305\,\text{m}$，$D_1 = 0.185\,\text{m}$

摩擦面の外径 $D_2 = 305\,\text{mm}$，内径 $D_1 = 185\,\text{mm}$

【7.3】 $T = \dfrac{60P}{2\pi n} = \dfrac{60 \times 22.5 \times 10^3}{2\pi \times 3\,500} \approx 61.4\,\text{N·m}$

$Q = \dfrac{2T}{\mu D_m} = \dfrac{4T}{\mu(D_2 + D_1)} = \dfrac{4 \times 61.4}{0.25 \times (0.600 + 0.400)} \approx 982.4\,\text{N}$

$p = \dfrac{4}{\pi(D_2^2 - D_1^2)}\,Q = \dfrac{4}{\pi(0.600^2 - 0.400^2)} \times 982.4 \approx 6.25\,\text{kPa}$

作動力 $Q = 982\,\text{N}$．また，接触面圧 $p = 6.25\,\text{kPa}$

【7.4】 $T = \dfrac{60P}{2\pi n} = \dfrac{60 \times 3.7 \times 10^3}{2\pi \times 240} \approx 147\,\text{N·m}$

$N_p = \dfrac{2T}{\mu\pi b p_{al} D_m^2} = \dfrac{2 \times 147}{0.12 \times \pi \times 0.050 \times 0.1 \times 10^6 \times 0.110^2} \approx 12.9$

∴ 13 面

摩擦面の数 $N_p = 13$ 面

【7.5】 $T = \dfrac{60P}{2\pi n} = \dfrac{60 \times 4 \times 10^3}{2\pi \times 900} = 42\,\text{N·m}$

$D_2 = D_1 + 2b \sin\beta = 0.200 + 2 \times 0.050 \sin 12° \approx 0.220\,\text{m}$

$D_m = \dfrac{D_2 + D_1}{2} \approx 0.210\,\text{m}$

押し付け力 $Q = \dfrac{2T(\sin\beta + \mu\cos\beta)}{\mu D_m} = \dfrac{2 \times 42(\sin 12° + 0.25\cos 12°)}{0.25 \times 0.210} \approx 720\,\text{N}$

クラッチを離すのに必要な力 $Q' = \dfrac{2T(\sin\beta + \mu\cos\beta)}{\mu D_m}$

$= \dfrac{2 \times 42(\sin 12° - 0.25\cos 12°)}{0.25 \times 0.210} \approx -59\,\text{N}$

押し付け力 $Q = 720\,\text{N}$，クラッチを離すのに必要な力 $Q' = -59\,\text{N}$

【7.6】 $bF - aF_h = 0, \quad F = \dfrac{a}{b} F_h, \quad T = \mu F \dfrac{D}{2} = \mu \left(\dfrac{a}{b} F_h \right) \dfrac{D}{2}$

$\therefore a = \dfrac{2Tb}{\mu F_h D} = \dfrac{2 \times 48 \times 0.300}{0.35 \times 200 \times 0.500} \approx 0.823 \text{ m}$

$F = \dfrac{a}{b} F_h, \quad p = \dfrac{F}{ht} = \dfrac{1}{ht} \dfrac{a}{b} F_h = p_{al}$

$t = \dfrac{1}{h p_{al}} \dfrac{a}{b} F = \dfrac{1}{0.100 \times 0.50 \times 10^6} \times \dfrac{0.823}{0.300} \times 200 \approx 11 \times 10^{-3} \text{ m}$

$\mu p_{al} v = \mu p_{al} \dfrac{\pi D n}{60} = 0.35 \times 0.50 \times \dfrac{\pi \times 0.500 \times 100}{60} \approx 0.46 \text{ MPa·m/s}$

レバーの長さ $a = 820$ mm，ブレーキブロックの幅 $t = 11$ mm
ブレーキ容量 0.46 MPa·m/s は表 7.2 の値を満たし，摩擦熱に対して安全である．

【7.7】 $F_h = \dfrac{(b - \mu c)(b + \mu c)T}{\mu a b D} = \dfrac{(0.250 - 0.3 \times 0.200)(0.250 + 0.3 \times 0.200) \times 200}{0.3 \times 0.600 \times 0.250 \times 0.850}$

$\approx 308.0 \text{ N}$

左のシュー（トレーリングシュー）の制動力

$f_1 = \mu \dfrac{a}{b + \mu c} F_h = 0.3 \times \dfrac{0.600}{0.250 - 0.3 \times 0.200} \times 308.0 \approx 179 \text{ N}$

右のシュー（リーディングシュー）の制動力

$f_2 = \mu \dfrac{a}{b - \mu c} F_h = 0.3 \times \dfrac{0.600}{0.250 - 0.3 \times 0.200} \times 308.0 \approx 292 \text{ N}$

左のブレーキシューに生ずるブレーキ力 $f_1 = 179$ N
右のブレーキシューに生ずるブレーキ力 $f_2 = 292$ N

【7.8】 $f = \dfrac{2T}{D} = \dfrac{2 \times 400}{0.400} = 2 \text{ kN}$

$T_t b = F_h a, \quad a = f \dfrac{e^{\mu \theta}}{e^{\mu \theta} - 1} \dfrac{b}{F_h} = 2\,000 \times \dfrac{e^{0.2 \times 270° \times \frac{\pi}{180°}}}{e^{0.2 \times 270° \times \frac{\pi}{180°}} - 1} \times \dfrac{0.100}{100} \approx 3.28 \text{ m}$

ブレーキ力 $f = 2$ kN，レバーの長さ $a = 3.28$ m

第8章 解答 ━━━━━━━━━━━━━━━━━━━━━━━━

【8.1】 まず，ばね指数は式（8.8）より $c = 4.5$，式（8.7）より $\kappa = 1.35$.

したがって，せん断応力は，式（8.6）より，

$$\tau = \kappa \frac{8PD}{\pi d^3} = 1.35 \times \frac{8 \times 220 \times 27}{\pi \times 6^3} = 94.5 \, \text{N/mm}^2$$

たわみは，式（8.12）より，

$$\delta = \frac{8PD^3 N_a}{G d^4} = \frac{8 \times 220 \times 27^3 \times 18}{78.5 \times 10^3 \times 6^4} = 6.1 \, \text{mm}$$

<u>せん断応力 $\tau = 94.5 \, \text{N/mm}^2$，たわみ $\delta = 6.1 \, \text{mm}$</u>

【8.2】 このばねが蓄える弾性エネルギーと物体の運動エネルギーが等しいので，

$$\frac{k\delta^2}{2} = \frac{MV^2}{2} \, \text{より，} \quad k = \frac{MV^2}{\delta^2} = \frac{0.5 \times 10^2}{0.04^2} = 31\,250 \, \text{N/m} = 31.25 \, \text{N/mm}$$

ばねに加わる荷重は式（8.1）より，$P = k\delta = 31.25 \times 40 = 1\,250 \, \text{N}$

式（8.9）より，$\kappa c^3 = \tau_1 \dfrac{\pi D^2}{8P} = 450 \times \dfrac{\pi \times 30^2}{8 \times 1\,250} = 127$

図 8.5 において $\kappa c^3 = 127$ から $c = 4.3$ が求まる.

よって，ばねの素線の直径は式（8.8）より，$d = D/c = 30/4.3 \fallingdotseq 7 \, \text{mm}$

ここで $c = 4.3$ とすると，式（8.7）より $\kappa = 1.37$．コイルのせん断応力は式（8.6）より，

$$\tau = \kappa \frac{8PD}{\pi d^3} = 1.37 \times \frac{8 \times 1\,250 \times 30}{\pi \times 7^3} = 381 \, \text{MPa} < \tau_{al} = 450 \, \text{MPa}$$

さらにコイルばねの有効巻数は，式（8.13）より，

$$N_a = \frac{GD}{8kc^4} = \frac{78.5 \times 10^3 \times 30}{8 \times 31.25 \times 4.3^4} = 27.6$$

<u>ばねの素線の直径 $d = 7 \, \text{mm}$，コイルの最大せん断応力 $\tau_1 = 381 \, \text{MPa}$，コイルばねの有効巻数 $N_a = 27.6$</u>

【8.3】 板ばねに生じる曲げ応力 σ は許容曲げ応力 σ_{al} より小さいので，式（8.25）より $n > 2.9$．板ばねの総数 n は 3 以上あればよい．ここで，重ね板ばねの数を $n' = 1$ とすると，$\eta = n'/n = 1/3$．これを式（8.23）に代入し，形状係数 $K = 1.24$．したがって，重ね板ばねのたわみは式（8.24）より，

$$\delta = K\,\frac{4PL_n{}^3}{nEbh^3} = 1.24 \times \frac{4 \times 1\,000 \times 1\,000^3}{3 \times 206 \times 10^3 \times 70 \times 7^3} = 334 \text{ mm}$$

以下，同様に $n = 4$, 5, 6, 7 のときのたわみ δ を求める.

板ばねの総数 $n = 3$ のとき，重ね板ばねのたわみ $\delta = 334$ mm, $n = 4$ のとき $\delta = 259$ mm, $n = 5$ のとき $\delta = 212$ mm, $n = 6$ のとき $\delta = 181$ mm, $n = 7$ のとき $\delta = 157$ mm

【8.4】 式（8.28）より，$\sin \alpha = \delta/R = 0.5$ となるので，$\alpha = \pi/6$

トーションバーの直径 d は，式（8.27）より

$$d = \sqrt[3]{\frac{16PR\cos\alpha}{\pi\tau}} = \sqrt[3]{\frac{16 \times 5 \times 10^3 \times 300\cos\dfrac{\pi}{6}}{\pi \times 400}} = 25.5 \text{ mm}$$

トーションバーの有効長さ L は，式（8.26）より

$$L = \frac{(\alpha+\beta)\pi d^4 G}{32PR\cos\alpha} = \frac{\left(\dfrac{\pi}{6} + 10 \times \dfrac{\pi}{180}\right) \times \pi \times 25.5^4 \times 78.5 \times 10^3}{32 \times 5 \times 10^3 \times 300\cos\dfrac{\pi}{6}} = 1\,751 \text{ mm}$$

トーションバーのねじりばね定数 k_T は，式（8.30）より

$$k_T = \frac{PR\cos\alpha}{\alpha+\beta} = \frac{5 \times 10^3 \times 300\cos\dfrac{\pi}{6}}{\dfrac{\pi}{6} + 10 \times \dfrac{\pi}{180}} = 1.86 \times 10^6 \text{ N·mm/rad}$$

トーションバーの負荷時のばね定数 k は，式（8.32）より

$$k = \frac{P}{R} \cdot \frac{1+(\alpha+\beta)\tan\alpha}{(\alpha+\beta)\cos\alpha} = \frac{5 \times 10^3}{300} \cdot \frac{1+\left(\dfrac{\pi}{6} + 10 \times \dfrac{\pi}{180}\right)\tan\dfrac{\pi}{6}}{\left(\dfrac{\pi}{6} + 10 \times \dfrac{\pi}{180}\right)\cos\dfrac{\pi}{6}}$$

$$= 38.7 \text{ N/mm}$$

トーションバーの直径 $d = 25.5$ mm, トーションバーの有効長さ $L = 1\,751$ mm, トーションバーのねじりばね定数 $k_T = 1.86 \times 10^6$ N·mm/rad, トーションバーの負荷時のばね定数 $k = 38.7$ N/mm

第 9 章 解答

【9.1】 表 9.3 より，STPG370 – S の許容応力は 92 N/m² であるから，式（9.3）より，

$$\text{Sch No.} = 1\,000 \times \left(\frac{p}{\sigma_{al}}\right) = 1\,000 \times \left(\frac{6}{92}\right) = 65.2$$

となり，最も近いスケジュール番号を選定すると Sch60 となる.

Sch60

【9.2】 式 (9.2) より，管内径 d は，

$$d = \sqrt{\frac{4Q}{\pi v}} = \sqrt{\frac{4 \times 15}{\pi \times 2.8 \times 60 \times 10^3}} = 0.0107\,\text{m}$$

より管内径 $d = 10.7\,\text{mm}$ となる.

　一方，使用圧力は $p = 6\,\text{MPa}$ で演習問題【9.1】と同じであるから，スケジュール番号を式 (9.3) から求めると，

$$\text{Sch No.} = 1\,000 \times \left(\frac{p}{\sigma_{al}}\right) = 1\,000 \times \left(\frac{6}{92}\right) = 65.2$$

より，最も近いスケジュール番号は Sch60 となり，管厚さを考慮して最も近い呼び径は $d = D - 2t = 17.3\,\text{mm} - 2.8\,\text{mm} \times 2 = 11.7\,\text{mm} > 10.7\,\text{mm}$ より，10A Sch60 となる.

10A Sch60

【9.3】 式 (9.2) より，管内径 d は

$$d = \sqrt{\frac{4Q}{\pi v}} = \sqrt{\frac{4 \times 20}{\pi \times 2.8 \times 60 \times 10^3}} = 0.0123\,\text{m}$$

より管内径 $d = 12.3\,\text{mm}$ となる.

　一方，管内流体圧力 $p = 7\,\text{MPa}$ から，スケジュール番号を式 (9.3) から求めると，

$$\text{Sch No.} = 1\,000 \times \left(\frac{p}{\sigma_{al}}\right) = 1\,000 \times \left(\frac{7}{92}\right) = 76.1$$

より，最も近いスケジュール番号は Sch80 となり，管厚さを考慮して最も近い呼び径は $d = D - 2t = 21.7\,\text{mm} - 3.7\,\text{mm} \times 2 = 14.3\,\text{mm} > 12.3\,\text{mm}$ より，15A Sch80 となる.

15A Sch80

【9.4】 32A Sch40 の内径 d は表 9.4 より

$$d = D - 2t = 42.7\,\text{mm} - (2 \times 3.6\,\text{mm}) = 42.7\,\text{mm} - 7.2\,\text{mm} = 35.5\,\text{mm}$$

一方，式 (9.1) より管内の平均流速 v は

$$Q = \frac{\pi d^2 v}{4}$$

$$v = \frac{4Q}{\pi d^2} = \frac{4 \times 30}{\pi \times (35.5 \times 10^{-3})^2 \times 60 \times 10^3} = 0.51 \, \text{m/s}$$

管内径 $d = 35.5 \, \text{mm}$, 平均流速 $v = 0.51 \, \text{m/s}$

【9.5】 管の外側のねじにより配管の接合が可能なため, 接合する配管自体を回転させる必要がない. 配管は長く, その先にはポンプやバルブなどが取り付けられている場合もあり, 配管を回転させて接続させることが困難な場合がある. このような場合にはユニオンは有効に利用される.

参考図書

＜1章＞

1) 日本規格協会：JIS B 0601, 2001 (ISO 4287, 1997).

2) 林 洋次：役に立つ 機械製図, 朝倉書店, 2004.

3) 茶谷明義・新宅救徳・放生明廣・喜成年泰・立矢 宏：基礎からわかる 機械設計学, 森北出版, 2003.

4) 兼田楨宏・山本雄二：基礎 機械設計工学, 理工学社, 1995.

5) 稲田重男・川喜田隆・本荘恭夫：改訂新版 機械設計法, 2006.

6) 瀬口靖幸・尾田十八・室津義定：機械設計工学 1 (要素と設計), 培風館, 1982.

7) M.F.Spotts & T.E.Shoup：Design of Machine Elements, Seventh Edition, Prentice‐Hall International, Inc., 1997.

8) 日本機械学会：機械工学便覧 改訂第 4 版 材料力学, 丸善, 1961.

9) 日本機械学会：金属材料・疲れ強さの設計資料 I, 1966.

10) 日本機械学会：機械工学便覧 基礎編 α4 材料力学, 丸善, 2007.

11) 田中政夫・朝倉健二：機械材料 第 2 版, 共立出版, 1993.

12) 村上裕則・大南正瑛：破壊力学入門, オーム社, 1979.

13) 桑田浩志・徳岡直静：機械製図マニュアル, 日本規格協会, 2010.

14) 機械システム設計便覧編集委員会編：JIS に基づく 機械システム設計便覧, 日本規格協会, 1986.

15) 日本機械学会：RC230 歯車装置の使用範囲拡大のための設計・製造技術に関する調査研究分科会 研究報告書, 2009.

16) 西村 尚：ポイントを学ぶ 材料力学, 丸善, 2007.

17) 林 則行・冨坂兼嗣・平賀英資：最新機械工学シリーズ 4 機械設計法, 森北出版, 2005.

18) R.E.Peterson：Stress Concentration Design Factors, John Wiley & Sons, Inc., 1953.

＜2, 3章＞

1) 吉沢武男：大学演習 機械要素設計, 裳華房, 1992.

2) 川北和明：機械要素設計，朝倉書店，1998.

3) 塚田忠夫：機械設計・製図の基礎，数理工学社，2010.

4) 塚田忠夫：舟橋宏明，新機械設計，実教出版，2007.

5) 町田輝史：わかりやすい材料強さ学，オーム社，2007.

6) 佐藤秀紀・岡部佐規一・岩田佳雄：演習 機械振動学，サイエンス社，1996.

7) 日本規格協会：JIS ハンドブック ねじ，日本規格協会，1999.

＜4，5章＞

1) 日本機械学会：機械工学便覧 デザイン編 $\beta4$ 機械要素・トライボロジー，丸善，2005.

2) 日本機械学会：技術資料 歯車強さ設計資料，1979.

3) 日本機械学会：機械実用便覧 改訂第 6 版，1990.

4) 茶谷明義・新宅救徳・放生明廣・喜成年泰・立矢 宏：基礎からわかる 機械設計学，森北出版，2003.

5) 川北和明・矢部 寛・小笹俊博・佐木邦夫・島田尚一・水谷勝己：学生のための機械工学シリーズ 7・機械設計，朝倉書店，2004.

6) 塚田忠夫：機械設計工学の基礎，数理工学社，2008.

7) 兼田楨宏・山本雄二：基礎 機械設計工学 第 3 版，理工学社，2009.

8) 吉本成香・下田博一・野口昭治・岩附信行・清水茂夫：機械設計 機械の要素とシステムの設計，理工学社，2006.

9) 日本工業規格：JIS B 1513，1995.

10) 日本工業規格：JIS B 1519，2009.

11) 日本歯車工業会：JGMA 401-01-1974.

12) 日本歯車工業会：JGMA 402-01-1975.

13) 日本精工株式会社：転がり軸受カタログ，2010.

14) 大阪精密機械株式会社：CNC 全自動歯車測定機カタログ，2010.

15) 日本トライボロジー学会編：トライボロジーハンドブック，養賢堂，2001.

＜6，7章＞

1) 日本規格協会：JIS ハンドブック 7 機械要素，日本規格協会，2010.

2) 日本機械学会：機械工学便覧 デザイン編 $\beta4$ 機械要素・トライボロジー，丸善，2005.

3) 塚田忠夫・吉村靖夫・黒崎 茂・柳下福蔵：機械工学入門講座 7 機械設計法 第 2 版，森北出版，2002.

4) 稲田重夫・川喜田隆・本荘恭夫：機械工学基礎講座 14 改訂新版 機械設計法，朝倉書店，1983.

5) 酒井達雄ほか監修：機械設計法，日本材料学会，2002.

6) 山口陸幸：V ベルト，機械設計臨時増刊号 機械要素の設計計算・選定ハンドブック，第 33 巻，第 16 号，1989.

＜8章＞

1) 日本工業規格：圧縮及び引張コイルばね-設計・性能試験方法，JIS B 2704，2000.

2) 日本工業規格：重ね板ばね-設計・性能試験方法，JIS B 2710，2000.

3) 日本工業規格：皿ばね，JIS B2706，2001.

4) 和田稲苗：機械要素設計，実教出版，1989.

5) 中根之夫：ばね・緩衝器・ブレーキ，誠文堂新光社，1966.

6) 茶谷明義・新宅救徳・放生明廣・喜成年泰・立矢 宏：基礎からわかる 機械設計学，森北出版，2003.

7) 岡部幸二：自動車工学講座-機械要素の設計，明現社，1986.

8) 石川二郎：改訂 機械要素 (2)，コロナ社，1958.

＜9章＞

1) 配管百科編集委員会：配管百科，フローバル，2010.

2) 山本雄二・關 和彦監修 NOK 株式会社編：はじめてのシール技術，工業調査会，2008.

3) 伊澤 實：機械設計工学，理工社，2007.

4) 岡田 旻：はじめての配管技術，工業調査会，2010.

5) 竹下逸夫・大野光之：配管設計・施工ポケットブック，工業調査会，2009.

付　表

付表 1　工業材料の機械的性質

材料	密度 ρ [kg/m³]	降伏点 σ_s [MPa]	引張強さ σ_B [MPa]	縦弾性係数 E [GPa]	横弾性係数 G [GPa]	ポアソン比 ν	熱膨張係数 α [1/K]
一般構造用鋼 (SS400)	7.9×10^3	235 以上	402 ～ 510	206	80	0.29	12×10^{-6}
低炭素鋼 (0.08 ～ 0.12C)	7.86	200 以上	300 以上	206	79	0.30	11.3 ～ 11.6
高張力鋼 (HT80)	–	750 以上	800 以上	203	73	0.39	12.7
ニッケル・クロム鋼 (SNC236)	7.8	588 以上	736 以上	204	–	–	13.3
ステンレス鋼 (SUS304)	8.03	206 以上	520 以上	197	73.7	0.34	17.3
ねずみ鋳鉄	7.05 ～ 7.3	–	170	73.6～127.5	28.4 ～ 39.2	–	9.2 ～ 11.8
無酸素銅 (C1020 - 1/2H)	8.92	231	271	117	–	–	17.6
7/3 黄銅 (C2600 - H)	8.53	395	472	110	41.4	0.33	19.9
りん青銅 2 種 (C5191 - 0)	8.80	177	383	110	–	–	18.2
純アルミニウム (A1100 - H18)	2.71	95	110	69	27	0.28	23.6
超ジュラルミン (A2024 - T4)	2.77	324(耐力)	422	74	29	0.22	23.2
工業用純チタン	4.57	275(耐力)	390	106	44.5	0.19	8.4
チタン合金 (Ti - 6Al - 4V)	4.43	825	900	109	42.5	0.28	8.4
バビットメタル	10.1	–	–	29.0	–	–	24
マグネシウム合金 (8.5% Al)	1.80	275	380	45	–	–	26
コンクリート (中強度)	2.32	–	40(圧縮)	25	–	–	10
木材 (松)	0.61	–	50(圧縮)	11	–	–	3.0 ～ 4.5
ポリスチレン	1.05	–	48	3	–	–	72
ガラス (98%シリカ)	2.19	–	50 (圧縮)	65	28	–	80
ばね鋼 (SUP3, 焼入れ)	–	–	1 080 以上	206	83	0.24	–

付表2　炭素鋼の疲れ限度（出典：日本規格協会「JIS に基づく機械システム設計便覧」）

機械構造用炭素鋼 JIS G 4051	C%	熱処理 ℃ 焼ならし 焼なまし	焼入れ	焼戻し	降伏点 kgf/mm² {N/mm²}	引張強さ kgf/mm² {N/mm²}	回転曲げ疲労限度 kgf/mm² {N/mm²}	両振引張圧縮疲労限度 kgf/mm² {N/mm²}	両振ねじり疲労限度 kgf/mm² {N/mm²}
焼ならし S 10 C	0.08~0.13	900~950 空冷	—	—	21~34 {205~335}	32~47 {310~460}	17~27 {165~265}	13~23 {130~215}	10~17 {100~165}
S 15 C	0.13~0.18	880~930 空冷	—	—	24~36 {235~355}	38~52 {370~510}	19~29 {185~285}	15~24 {145~235}	10~18 {100~175}
S 20 C	0.18~0.23	870~920 空冷	—	—	25~38 {245~375}	41~56 {400~550}	20~30 {195~295}	16~25 {155~245}	11~19 {110~185}
S 25 C	0.22~0.28	860~910 空冷	—	—	27~40 {265~390}	45~60 {440~590}	21~31 {205~305}	17~26 {165~255}	11~20 {110~195}
S 30 C	0.27~0.33	850~900 空冷	—	—	29~42 {285~410}	48~64 {470~630}	22~32 {215~315}	17~27 {165~265}	12~21 {120~205}
S 35 C	0.32~0.38	840~890 空冷	—	—	31~44 {305~430}	52~68 {510~670}	22~33 {215~325}	18~28 {175~275}	12~22 {120~215}
S 40 C	0.37~0.43	830~880 空冷	—	—	33~46 {325~450}	55~72 {540~710}	23~34 {225~335}	18~29 {175~285}	13~23 {130~225}
S 45 C	0.42~0.48	820~870 空冷	—	—	35~48 {345~470}	58~76 {570~750}	24~34 {235~335}	19~29 {185~285}	13~24 {130~235}
S 50 C	0.47~0.53	810~860 空冷	—	—	37~50 {365~490}	62~80 {610~780}	25~35 {245~345}	20~30 {195~295}	14~24 {135~235}
S 55 C	0.52~0.58	800~850 空冷	—	—	40~52 {390~510}	66~84 {650~820}	25~35 {245~345}	20~30 {195~295}	15~24 {145~235}
焼なまし S 10 C	0.08~0.13	約900 炉冷	—	—	17~29 {165~285}	28~43 {270~420}	14~25 {135~245}	11~21 {110~205}	9~16 {90~155}
S 15 C	0.13~0.18	約880 炉冷	—	—	19~30 {185~295}	32~47 {310~460}	16~27 {155~265}	13~23 {130~225}	10~17 {100~165}
S 20 C	0.18~0.23	約860 炉冷	—	—	21~32 {205~315}	36~50 {350~490}	18~29 {175~295}	14~24 {135~235}	10~18 {100~175}
S 25 C	0.22~0.28	約850 炉冷	—	—	22~34 {215~335}	39~53 {380~520}	19~30 {185~295}	15~25 {145~245}	11~19 {110~185}
S 30 C	0.27~0.33	約840 炉冷	—	—	24~35 {235~345}	42~56 {410~550}	20~30 {195~295}	16~26 {155~255}	11~20 {110~195}
S 35 C	0.32~0.38	約830 炉冷	—	—	26~37 {255~365}	46~60 {450~590}	20~30 {195~295}	16~26 {155~255}	12~20 {120~195}
S 40 C	0.37~0.43	約820 炉冷	—	—	27~38 {265~375}	49~63 {480~620}	21~31 {205~305}	16~27 {155~265}	12~21 {120~205}
S 45 C	0.42~0.48	約810 炉冷	—	—	28~39 {275~380}	52~66 {510~650}	21~31 {205~305}	17~27 {165~265}	12~21 {120~205}
S 50 C	0.47~0.53	約800 炉冷	—	—	29~40 {285~390}	55~69 {540~680}	21~31 {205~305}	17~27 {165~265}	13~22 {130~215}
S 55 C	0.52~0.58	約790 炉冷	—	—	30~41 {295~400}	58~72 {570~710}	22~32 {215~315}	18~28 {175~275}	13~22 {130~215}
焼入焼戻し S 30 C	0.27~0.33	—	850~900 水冷	550~650 急冷	34~61 {335~600}	55~76 {540~750}	23~42 {225~410}	21~36 {205~355}	14~28 {135~275}
S 35 C	0.32~0.38	—	840~890 水冷	550~650 急冷	40~66 {390~645}	58~81 {570~790}	25~45 {245~440}	22~40 {215~390}	16~31 {155~305}
S 40 C	0.37~0.43	—	830~880 水冷	550~650 急冷	45~72 {440~705}	62~87 {610~850}	27~49 {265~480}	23~43 {225~420}	18~33 {175~325}
S 45 C	0.42~0.48	—	820~870 水冷	550~650 急冷	50~79 {490~775}	70~95 {690~930}	31~52 {305~510}	25~49 {245~480}	22~36 {215~355}
S 50 C	0.47~0.53	—	810~860 水冷	550~650 急冷	55~84 {540~825}	75~99 {740~970}	35~54 {345~530}	30~51 {295~500}	24~38 {235~375}
S 55 C	0.52~0.58	—	800~850 水冷	550~650 急冷	60~89 {590~875}	80~103 {780~1010}	38~56 {375~550}	36~53 {355~520}	26~40 {255~390}

1N/mm² = 1MPa

付表3 合金鋼の疲れ限度（出典：日本規格協会「JIS に基づく機械システム設計便覧」）

	引張強さ σ_B N/mm²{kgf/mm²}	回転曲げ σ_{wb} N/mm²{kgf/mm²}	両振り引張圧縮 σ_w N/mm²{kgf/mm²}	両振りねじり τ_w N/mm²{kgf/mm²}
ニッケルクロム鋼 （JIS G 4102）				
SNC 236	> 735{75}	410 ～ 500{42 ～ 51}	370 ～ 450{38 ～ 46}*	200 ～ 250{20 ～ 25}*
SNC 415	> 785{80}	300{31}	285{29}*	170{17}*
SNC 631	> 833{85}	440 ～ 570{45 ～ 58}	400 ～ 520{41 ～ 53}*	220 ～ 280{22 ～ 29}*
SNC 836	> 920{94}	390 ～ 560{40 ～ 57}	350 ～ 510{36 ～ 52}*	200 ～ 280{20 ～ 29}*
クロムモリブデン鋼 （JIS G 4105）				
SCM 430	> 834{85}	300{31}	285{29}*	170{17}*
SCM 432	> 883{90}	480{49}	455{46}*	270{28}*
SCM 435	> 932{95}	490 ～ 590{50 ～ 60}	465 ～ 560{47 ～ 57}*	270 ～ 340{28 ～ 35}*
SCM 440	> 980.7{100}	530 ～ 635{54 ～ 65}	500 ～ 600{51 ～ 61}*	285 ～ 360{29 ～ 37}*
鋳鉄 （JIS G 5501）				
FC 10	> 100{10}	50 ～ 70{5.1 ～ 7.1}	48{4.9}	45{4.6}
FC 15	> 150{15}	50 ～ 95{5.1 ～ 9.7}	40 ～ 56{4.1 ～ 5.7}	74{7.5}
FC 20	> 200{20}	70 ～ 130{7.1 ～ 12.7}	35 ～ 98{3.6 ～ 10}	90 ～ 103{9.2 ～ 10.5}
FC 25	> 250{25}	85 ～ 150{8.6 ～ 15.3}	64 ～ 74{6.5 ～ 7.5}	79{8.1}
FC 30	> 300{31}	120 ～ 170{12.2 ～ 17.3}	85 ～ 90{8.7 ～ 9.2}*	90{9.2}*
FC 35	> 350{36}	110 ～ 200{11.2 ～ 20.4}*	80 ～ 110{8.1 ～ 11.2}*	80 ～ 100{8.2 ～ 10.2}*
球状黒鉛鋳鉄 （JIS G 5502）				
FCD 40	> 400{41}	190 ～ 250{19 ～ 25}	180 ～ 200{18 ～ 20}*	100{10}*
FCD 45	> 450{46}	240 ～ 255{24 ～ 26}	210 ～ 230{21 ～ 23}*	110{11}*
FCD 50	> 500{51}	243 ～ 320{25 ～ 33}	230 ～ 250{23 ～ 25}*	120{12}*
FCD 60	> 600{61}	280{29}	250 ～ 300{25 ～ 31}*	130 ～ 160{13 ～ 16}*
FCD 70	> 700{71}	275 ～ 380{28 ～ 39}	260 ～ 350{27 ～ 36}*	140 ～ 180{14 ～ 18}*
鋳鋼 （JIS G 5101）				
SC 37	> 370{38}	焼ならし		
SC 42	> 420{43}	180 ～ 240	170 ～ 230{17 ～ 23}*	90 ～ 130{9 ～ 13}*
SC 46	> 460{47}	焼ならし後調質	200 ～ 285{20 ～ 29}*	105 ～ 150{11 ～ 15}*
SC 49	> 490{50}	210 ～ 300		

注　*印の値は資料と破損則による推定値　　　　　　　　　　　　1N/mm² = 1MPa

付表 4　組立単位の例（出典：日本機械学会「機械工学 SI マニュアル」）

量	名称	記号	定義	SI 基本単位表示
力	ニュートン	N	$m \cdot kg \cdot s^{-2}$	$kg \cdot m \cdot s^{-2}$
エネルギー，仕事	ジュール	J	$N \cdot m$	$kg \cdot m^2 \cdot s^{-2}$
比エネルギー （質量エネルギー）	ジュール毎キログラム	J/kg	$N \cdot m/kg$	$m^2 \cdot s^{-2}$
熱容量，エントロピー	ジュール毎ケルビン	J/K	$N \cdot m/K$	$kg \cdot m^2 \cdot s^{-2} \cdot K^{-1}$
比熱，比エントロピー （質量エントロピー），ガ ス定数	ジュール毎キログラム毎ケ ルビン	$J/(kg \cdot K)$	$N \cdot m/(kg \cdot K)$	$m^2 \cdot s^{-2} \cdot K^{-1}$
動力，仕事率，熱流量	ワット	W	J/s	$kg \cdot m^2 \cdot s^{-3}$
熱流束（熱流密度）	ワット毎平方メートル	W/m^2	$J/(m^2 \cdot s)$	$kg \cdot s^{-3}$
圧　　力	パスカル	Pa	N/m^2	$kg \cdot m^{-1} \cdot s^{-2}$
表面張力	ニュートン毎メートル	N/m	N/m	$kg \cdot s^{-2}$
粘　　度	パスカル秒	$Pa \cdot s$	$N \cdot s \cdot m^{-2}$	$kg \cdot m^{-1} \cdot s^{-1}$
熱伝導率	ワット毎メートル毎ケルビン	$W/(m \cdot K)$	$J/(m \cdot s \cdot K)$	$kg \cdot m \cdot s^{-3} \cdot K^{-1}$

索　引

■ 著者紹介

吉田　彰 (よしだ　あきら)
1969 年　大阪大学大学院工学研究科博士課程単位取得
岡山大学名誉教授，元広島国際大学教授，工学博士

藤井　正浩 (ふじい　まさひろ)
1985 年　岡山大学大学院工学研究科修士課程修了
現在　岡山大学大学院教授，工学博士

小西　大二郎 (こにし　だいじろう)
1986 年　岡山大学大学院工学研究科修士課程修了
現在　津山工業高等専門学校教授，博士 (工学)

大上　祐司 (おおうえ　ゆうじ)
1988 年　岡山大学大学院工学研究科修士課程修了
元香川大学教授，博士 (工学)

原野　智哉 (はらの　ともき)
1998 年　岡山大学大学院自然科学研究科博士課程修了
現在　阿南工業高等専門学校教授，博士 (工学)

關　正憲 (せき　まさのり)
1999 年　岡山大学大学院工学研究科修士課程修了
現在　岡山理科大学教授，博士 (工学)

機械要素設計

2022 年 9 月 10 日　　第 1 版第 1 刷発行
2023 年 12 月 10 日　　第 1 版第 2 刷発行

編 著 者　吉 田　　彰
著　　者　藤井正浩・小西大二郎・大上祐司・
　　　　　原野智哉・關　正憲
発 行 者　村 上 和 夫
発 行 所　株式会社 オーム社
　　　　　郵便番号　101-8460
　　　　　東京都千代田区神田錦町 3-1
　　　　　電話　03(3233)0641(代表)
　　　　　URL　https://www.ohmsha.co.jp/

© 吉田彰・藤井正浩・小西大二郎・大上祐司・原野智哉・關正憲 2022

印刷・製本　平河工業社
ISBN978-4-274-22936-7　Printed in Japan

本書の感想募集　https://www.ohmsha.co.jp/kansou/

本書をお読みになった感想を上記サイトまでお寄せください．
お寄せいただいた方には，抽選でプレゼントを差し上げます．

2023 年版 機械設計技術者試験問題集 【最新刊】

日本機械設計工業会 編　　　　　　　　B5 判　並製　**208** 頁　本体 **2700** 円【税別】

本書は（一社）日本機械設計工業会が実施・認定する技術力認定試験（民間の資格）「機械設計技術者試験」1 級、2 級、3 級について、令和 4 年度（2022 年）11 月に実施された試験問題の原本を掲載し、機械系各専門分野の執筆者が解答・解説を書き下ろして、（一社）日本機械設計工業会が編者としてまとめた公認問題集です。合格への足がかりとして、試験対策の学習・研修にお役立てください。

3 級 機械設計技術者試験 過去問題集

令和 2 年度／令和元年度／平成 30 年度

日本機械設計工業会 編　　　　　　　　B5 判　並製　**216** 頁　本体 **2700** 円【税別】

本書は（一社）日本機械設計工業会が実施・認定する技術力認定試験（民間の資格）「機械設計技術者試験」3 級について、過去 3 年（令和 2 年度／令和元年度／平成 30 年度）に実施された試験問題の原本を掲載し、機械系各専門分野の執筆者が解答・解説を書き下ろして、（一社）日本機械設計工業会が編者としてまとめた公認問題集です。3 級合格への足がかりとして、試験対策に的を絞った本書を学習・研修にお役立てください。

機械設計技術者試験準拠 機械設計技術者のための基礎知識

機械設計技術者試験研究会 編　　　　　　B5 判　並製　**392** 頁　本体 **3600** 円【税別】

機械工学は、すべての産業の基幹の学問分野です。機械系の学生が学ばなければならない科目として、4 大力学（材料力学、機械力学、流体力学、熱力学）をはじめ、設計の基礎となる機械材料、機械設計・機構学、設計製図および設計の基礎となる工作法、機械を制御する制御工学の 9 科目があります。（一社）日本機械設計工業会が主催する機械設計技術者試験の試験科目には、前述の 9 科目が含まれています。本書は、試験 9 科目についての基礎基本と CAD/CAM について、わかりやすく解説しています。章末には、試験対策用の演習問題を収録し、力学など計算問題が多い分野には、本文中に例題を多く取り入れています。

JIS にもとづく 機械設計製図便覧（第 13 版）

工博　津村利光　関序／大西　清 著　　　　B6 判　上製　**720** 頁　本体 **4000** 円【税別】

初版発行以来、全国の機械設計技術者から高く評価されてきた本書は、生産と教育の各現場において広く利用され、12 回の改訂を経て 150 刷を超えました。今回の第 13 版では、機械製図（JIS B 0001：2019）に対応すべく機械製図の章を全面改訂したほか、2021 年 7 月時点での最新規格にもとづいて全ページを見直しました。機械設計・製図技術者、学生の皆さんの必備の便覧。

JIS にもとづく 標準製図法（第 15 全訂版）

工博　津村利光　関序／大西　清 著　　　　A5 判　上製　**256** 頁　本体 **2000** 円【税別】

本書は、設計製図技術者向けの「規格にもとづいた製図法の理解と認識の普及」を目的として企図され、初版（1952 年）発行以来、全国の工業系技術者・教育機関から好評を得て、累計 100 万部を超えました。このたび、令和元年 5 月改正の JIS B 0001：2019 ［機械製図］規格に対応するため、内容の整合・見直しを行いました。「日本のモノづくり」を支える製図指導書として最適です。

基礎 機械材料学

松澤和夫 著　　　　　　　　　　　　　　A5 判　並製　**240** 頁　本体 **2500** 円【税別】

本書は、大学や高専で機械材料を学ぶ学生、ならびに実務として設計や生産に携わる技術者が、材料を理解することの重要さを再認識して原点に戻って学ぶ必要性を感じた際など、機械材料を一から学ぶことを前提にまとめられています。